U0226358

江西省高校人文社科重点研究基地招标项目"重点生态功能区产业准入负面清单管理的绩效评价及制度保障研究""碳达峰、碳中和背景下环保税对资源产业的效应评估与缓释策略"(JD21085)、抚州市社科规划项目"新时代抚州生态产品价值实现的路径研究"(21SK07)、东华理工大学科研发展基金(人文类)"环境规制与负面清单管理"(KYFZ022)最终研究成果

"奋力打造国家生态文明建设高地"研究系列丛书

"双碳"背景下
重点生态功能区产业准入的
负面清单管理研究

黄震 玮 郑 鹏 等◎著

"SHUANGTAN" BEIJINGXIA
ZHONGDIAN SHENGTAI GONGNENGQU CHANYE ZHUNRUDE
FUMIAN QINGDAN GUANLI YANJIU

经济管理出版社
ECONOMY & MANAGEMENT PUBLISHING HOUSE

图书在版编目（CIP）数据

"双碳"背景下重点生态功能区产业准入的负面清单
管理研究 / 熊玮等著. -- 北京 ：经济管理出版社，
2024. -- ISBN 978-7-5096-9848-8

Ⅰ. X321.2

中国国家版本馆 CIP 数据核字第 2024CC1152 号

组稿编辑：任爱清
责任编辑：任爱清
责任印制：张莉琼
责任校对：蔡晓臻

出版发行：经济管理出版社
　　　　　（北京市海淀区北蜂窝 8 号中雅大厦 A 座 11 层　100038）
网　　址：www. E-mp. com. cn
电　　话：（010）51915602
印　　刷：唐山玺诚印务有限公司
经　　销：新华书店
开　　本：720mm×1000mm/16
印　　张：12.5
字　　数：250 千字
版　　次：2024 年 11 月第 1 版　　2024 年 11 月第 1 次印刷
书　　号：ISBN 978-7-5096-9848-8
定　　价：88.00 元

撰写组名单

熊　玮　郑　鹏　徐　鸿
郭美娟　黄子聪　钟丽萍

前　　言

　　国家对重点生态功能区"强化生态功能，弱化经济考核"的独特定位，以及要求所有国家重点生态功能区都要出台产业准入负面清单的制度要求，凸显了研究重点生态功能区产业准入的负面清单管理的重要性和必要性。综观当前研究成果，虽然有关重点生态功能区方面的研究越来越系统化，但遗憾的是，专门针对重点生态功能区产业准入以及负面清单管理等问题的研究相对较少。本书关注的是，自产业准入的负面清单在国家重点生态功能区全面实施以来，整体现状特征如何？存在哪些突出问题？造成问题的原因是什么？产业准入、动态管理以及退出机制是什么？效果如何？哪些因素在影响管理效果？政府职能如何发挥？其他领域的负面清单管理有何经验启示？有哪些具体改进措施和建议？等等。本书试图从理论上回答上述问题，从而为重点生态功能区产业准入的负面清单管理，乃至为"碳达峰、碳中和"背景下重点生态功能区生态产品价值实现提供决策参考。

　　本书立足于重点生态功能区的功能定位，综合运用资源与环境经济学、生态经济学、产业经济学等理论工具，采用归纳与演绎相结合、定性分析与量化分析相结合的研究方法，首先对全国重点生态功能区实施产业准入负面清单管理的历程演变、现状特征、突出问题、主要原因进行了归纳和总结；其次从理念框架、实施策略、溢出效应、反馈机制、典型模式等方面详细分析了重点生态功能区产业准入负面清单管理的运行模式；再次通过构建重点生态功能区产业准入负面清单管理的绩效评价指标体系，对 2007~2019 年全国 278 个国家重点生态功能区产业准入负面清单管理效率的时空格局进行了分析，比较了地区差异和进行了效率分解，并运用同时空间自回归 Tobit 模型（SSAR-Tobit 模型）对驱动因素进行了识别检验；最后进一步从制度框架层面探索了重点生态功能区产业准入负面清单管理的制度保障。在以上分析的基础上，本书吸纳了国外主要发达国家和地区、上海自由贸易试验区、市场准入等领域的负面清单管理的实践探索与经验启示，最终提出了相应的政策建议。

本书的主要研究内容和得出的主要观点有以下六个方面：

第一，重点生态功能区产业准入负面清单管理的历程大体上经历了非理性战略探索、制度化规范化探索、主体功能区分类调控和主体功能区精准施策四个阶段，逐渐由无清单管理向正面清单管理转变，再转向负面清单管理，体现出政府调控由总体管控向分类精准调控演变的过程。现状特征主要体现在以下四个方面：①在产业发展方面不同程度地调整优化了当地的产业结构；②在发展理念方面体现了优先生态保护、弱化经济指标评价的发展理念；③在产业准入方面对辖内现有主导产业保持准入态势；④在准入门槛方面对绿色低碳产业的准入门槛相对较低。但同时也存在产业准入门槛不同程度依赖于既有产业结构、生态保护与经济发展仍然需要调适与平衡、负面清单管理的相关配套政策还需进一步完善、产业准入负面清单的动态管理存在缺陷、产业准入负面清单管理在落地中存在现实困境等问题。造成以上问题的原因主要有产业发展存在虹吸效应、生态产品价值转化程度不高、体制机制创新亟待突破、基础工作技术支撑存在缺陷等。

第二，重点生态功能区实施产业准入负面清单管理模式秉持"绿水青山就是金山银山""正外部性替代负外部性""市场创造取代政府补偿"等发展理念，并以准入门槛、动态管理、退出机制三个环环相扣的环节为主要框架。在准入门槛上，通过明确考核方式、考核体系、考核方法与考核结果，以定性分析与定量分析两者相结合的方式对不同类型重点生态功能区实行差别化考察，从而厘定准入门槛。在动态管理上，从环境保护和经济发展两方面构建指标体系对功能区内企业进行动态管理，对在多个考核周期考核结果居后的企业实现动态调整。在退出机制上，通过明确企业退出方案和标准、制定完备的企业退出处理预案、加强风险预警制度的主导作用、加强早期纠错和审慎监管协调配合等手段引导限制或禁止类产业的企业有序退出。此外，本书还简要分析了重点生态功能区产业准入负面清单管理模式所带来的正向溢出效应和反馈机制。本书还分析了资源禀赋各异、路径选择不同、发展结果趋同的三个重点生态功能区运用产业准入负面清单管理成功实现绿色低碳发展转型的典型模式。

第三，基于 SBM-Malmquist 模型分析了 2007~2019 年 278 个县域国家重点生态功能区产业准入负面清单管理绩效的时空演变，并进一步采用 SSAR-Tobit 模型实证检验了其驱动因素。研究结果主要体现在以下四个方面：①从重点生态功能区产业准入负面清单管理的综合绩效来看，在时间维度上，表现为既震荡又上升，在震荡中明显上升改善的演化趋势，综合效率从 2007 年的 1.04 上升到了 2019 年的 1.74，上升了约 67.31%；在空间维度上，除极少数县区的产业准入负面清单管理综合绩效略有下降外，绝大部分国家重点生态功能区的产业准入负面清单管理的综合绩效均有不同程度的改善。②从重点生态功能区产业准入负面清单管理效率分解的时间演化来看，技术进步与纯技术效率在 2007~2019 年均呈现出上升的态势。一方面，在样本期间技术进步的上升幅度和整体表现要好于纯技术效率；另一方面，技术进步在 2009~2010 年曾呈现出短暂的下降，而后才进入到快速改善区间，而纯技术效率在样本期间则一直表现为稳步的上升态势，而规模效率从整个样本期间来看只略有改善。③从重点生态功能区产业准入负面清单管理效率分解的空间格局看，样本期间各县域产业准入负面清单管理的纯技术效率略有改善，整体效率增长率仅为 0.5%；各县域产业准入负面清单管理的规模效率改善较小，总体增长率仅为 0.4%；各县域产业准入负面清单管理的技术进步提升较快，年均提升幅度达到了 25.6%。④从重点生态功能区产业准入负面清单管理效率的驱动因素来看，第二产业与总产值占比、第三产业与总产值占比、城镇居民人均可支配收入、农村居民人均可支配收入和森林面积占比均对重点生态功能区的产业准入负面清单管理效率存在显著性影响，影响程度的依次是森林面积占比、第三产业与总产值占比、农村居民人均可支配收入、城镇居民人均可支配收入和第二产业与总产值占比。

第四，从政府职能和制度框架两个方面探讨了重点生态功能区产业准入负面清单管理的制度保障。本书从科学设置产业准入负面清单、法律法规体制及配套制度的完善、强化服务意识和服务水平三个维度，阐述了重点生态功能区产业准入负面清单管理模式的政府职能，并从明确工作流程机制、规范审批统筹制度、强化监督管理机制、完善社会信息公开机制和信用激励惩戒机制以及稳定财税保障机制等方面论述了政府对重点生态功能区产业准入负面清单管理的制度框架。

第五，梳理国外主要发达国家和地区实施负面清单管理模式的发展状况、制度变革、主要内容和调整逻辑以及总结国内自贸、市场准入负面清单管理模式的经验和问题，对完善重点生态功能区产业准入负面清单管理具有重要参考价值。鉴于此，本书选取了国际贸易领域、上海自由贸易试验区、市场准入等领域开展负面清单管理经验，从而归纳出对重点生态功能区产业准入负面清单管理的四点启示：①运用负面清单，提升空间治理能力，维护国土资源安全；②保障生态环境，实现生态产品价值；③构建负面清单的保护机制，重塑区域竞争格局；④健全配套政策体系，促进政府治理能力现代化。

第六，优化和完善重点生态功能区产业准入负面清单管理的政策取向主要采取以下五项措施：①产业准入负面清单管理是针对重点生态功能区的重要制度创新，应从配套组织机构建设、配套措施完善等方面予以加强和完善；②进一步细化和完善"准入门槛—动态管理—有序退出"的产业准入负面清单管理的运行机制；③利用重大战略机遇期，争取国家对重点生态功能区绿色低碳产业发展的政策支持，尤其是在产业布局、淘汰落后产能、工矿区搬迁改造以及加强与乡村振兴的有效衔接协同等方面加大政策支持；④持续深化和加强对重点生态功能区开展生态补偿；⑤通过开展广泛的宣教和培训降低在重点生态功能区实施产业准入负面清单管理的政策成本。

本书研究的主要特色有三个：①选题新颖。国内学术界对"产业准入负面清单"相关问题的研究还处于起步阶段，尚未形成系统的研究框架和研究体系，几乎没有专门针对国家重点生态功能区的研究。本书首次尝试研究国家重点生态功能区产业准入负面清单的管理模式，选题新颖。②应用特色。针对"国家重点生态功能区产业准入"极强的应用背景，本书以国家重点生态功能区为研究尺度，着眼于对国家重点生态功能区产业准入的负面清单管理模式，不仅重点研究了其产业准入负面清单的内涵、表现形式，还研究了其政策需求、内容框架，这在"负面清单"研究领域是从未有过的。本书成果可以为功能区分类优化及负面清单管理建设提供借鉴和参考。③研究方法运用上是一项新的尝试。现有有关重点生态功能区产业准入的研究主要以规范研究、定性研究为主，缺乏定量研究。本书综合采用了定性研究和量化研究相结合，尤其是用到了很多计量分析工具（如拓展的 DEA 模型、Malmquist 指数、SSAR-Tobit 模型等量化分析工具），在研究方法上显著区别当前本领域的相关研究成果。

由于受数据资料的可获得性以及能力所限，本书在以下三个方面还存在不足之处：①研究框架的局限。本书以重点生态功能区产业准入的负面清单管理为研究内容，目前在该研究领域还没有形成获得普遍共识的研究框架，本书所运用的研究框架是本研究团队基于国家重点生态功能区的特殊性，并在前人研究基础上提炼和归纳而成，科学性和可靠性还有赖于后续研究进一步验证。②研究内容的不足。重点生态功能区产业准入的负面清单管理涉及的内容很广，涉及不同类型、不同区域、不同主体、不同产业，不同指标的选取可能导致较大的结果差异。本书并未根据以上差异对重点生态功能区准入产业进行科学划分，可能影响最终政策的精准性，未来研究可以考虑将不同地区、不同类型重点生态功能区进行划分，并对不同主体、不同产业类型进行划分，尤其是考察重点生态功能区和非重点生态功能区产业准入的绩效差异以及相应的分类政策优化取向。③研究数据的限制。产业准入负面清单管理制度于 2015 年才正式在重点生态功能区逐步展开，相关数据缺失严重，尤其是县域层面的数据非常欠缺，如衡量相关绩效投入的数据、反映绿色产出的相关数据等都难以获得。鉴于研究数据不同程度的缺失，本书的研究结论与实际情况可能存在不同程度的偏差。

本书在撰写的过程中参考了大量的中外文文献资料，均已在参考文献、脚注和尾注中一一列出，但仍有可能存在一些遗漏，尤其是一些政府公文和非涉密内参报告。在此，敬请相关作者谅解并致以诚挚歉意。由于研究团队水平有限，本书难免存在一些缺陷、不足甚至错误，敬请专家批评指正。

熊玮　郑鹏

2024 年 7 月

目　　录

图目录

表目录

第一章　绪论

第一节　研究缘起与研究意义

一、研究缘起

（一）研究重点生态功能区产业准入的负面清单管理问题源于党中央和国务院不断将生态文明建设推进到新的战略高度

党的十八大以来，随着生态文明建设被纳入"五位一体"总体战略布局，国家对生态文明建设的顶层谋划、制度创新、实践探索、路径设计、经验总结、模式推广等方面不断深化。从主体功能区规划落地实施，到各主体功能区分类施策，从2014年国家生态文明先行示范区建设，到2016年国家生态文明试验区建设，从生态文明制度建设的"四梁八柱"，到山水林田湖草沙系统治理，从生态保护与经济发展协调推进，到绿色GDP核算，推动生态产品价值实现，国家对生态文明建设推动力度之大、范围之广、程度之深前所未有，并由此孕育形成了习近平生态文明思想，成为指导全国开展生态文明建设的指导思想。

随着国家对生态文明建设问题不断提升至发展战略的新高度，有关重点生态功能区的相关理论探索却明显滞后于国家对重点生态功能区的顶层设计和实践探索。而其中的一些具体问题，如国家重点生态功能区产业准入的门槛与范畴、产业准入的管理模式演变、负面清单式管理模式的绩效评价、国内外负面清单管理的经验启示等问题，亟须开展深入而系统的梳理和研究。本书不仅有助于从区域尺度上为国家重点生态功能区产业准入管理模式的实践探索提供理论指导，而且也有助于从宏观上为"碳达峰、碳中和"目标的实现提供产业路径。

（二）研究重点生态功能区产业准入的负面清单管理问题源于对落实和完善《全国主体功能区规划》对不同主体功能区的分类调控政策

2010年12月《国务院关于印发全国主体功能区规划的通知》（国发〔2010〕46号）（以下简称《规划》），从全国层面将国土空间划分为优化开发区域、重点开发区域、限制开发区域和禁止开发区域四大类主体功能区，开启了对不同主体功能区分类调控的新阶段。重点生态功能区属于限制开发区域，限制进行大规模高强度工业化城镇化开发，并将之界定为生态系统十分重要，关系国家或区域生态安全，稳定和保持生态产品的供给能力，限制进行大规模高强度工业化城镇化开发的区域。根据重点生态功能区的功能定位和区域地貌特征，将之划分为水源涵养型、水土保持型、防风固沙型和生物多样性维护型四种类型。

（1）国家重点生态功能区的规模不断扩容。根据《规划》，首批列入国家重点生态功能区名录的有436个县级行政区，国土面积达385.88平方千米，人口约有1.1亿，分别约占全国陆地国土面积的40.2%和全国总人口的8.5%（2008年数据）。2016年9月，《国务院关于同意新增部分县（市、区、旗）纳入国家重点生态功能区的批复》（国函〔2016〕161号）文件，进一步将240个县级行政区纳入新一批的国家重点生态功能区名录。至此，国家重点生态功能区扩容到676个县级行政区，约占全国2853个县级行政区的23.7%。国家重点生态功能区的676个县级行政区中，水源涵养型有278个，水土保持型有128个，防风固沙型有72个，生物多样性维护型有198个。就全国视域来看，重点生态功能区是主体功能区中面积最大、覆盖最广、最为典型的生态脆弱区和生态富集区。

（2）重点生态功能区产业准入的负面清单管理落地实施。2015年7月，国家发展改革委印发《关于建立国家重点生态功能区产业准入负面清单制度的通知》，明确要求纳入国家重点生态功能名录的县级行政区必须全部编制产业准入负面清单。截至2021年10月，全国所有的国家重点生态功能区均出台了产业准入负面清单，并建立了相应的管理办法。与之相应地，原环保部、财政部等中央部委先后下发了《国家重点生态功能区转移支付办法》《国家重点生态功能区县域生态环境质量考核办法》《关于加强国家重点生态功能区环境保护和管理的意见》《关于贯彻实施国家主体功能区环境政策的若干意见》等文件，不断加强了对国家重点生态功能区的政策支持力度，强化了对国家重点生态功能区的精准调控。

2015年，中共中央、国务院印发的《生态文明体制改革总体方案》将建立国土空间开发保护制度列为生态文明体制改革的主要方向和重点任务之一。显然，生态文明建设和国土空间开发格局之间有着密切的关系，在很大程度上，建立国土空间开发保护制度就是体现生态文明建设的路径和任务之一。在此背景下，探索重点生态功能区产业准入的负面清单管理问题，不仅有助于完善国土空间开发保护制度，也有助于生态文明建设与国土空间开发格局的有机融合。

（三）研究重点生态功能区产业准入的负面清单管理问题源于国家治理体系和治理能力现代化背景下对"清单式"管理模式创新的现实需要

负面清单（Negative List）最早由美国、加拿大和墨西哥在 1992 年签订的《北美自由贸易协定》（*North American Free Trade Agreement*，*NAFTA*）中引入，是指一国在引进外资的过程中以清单形式公开列明某些与国民待遇不符的管理措施；负面清单是逆向思维法，不列入即开放，系统性和前瞻性要求高（孙元欣，2014）。由此可见，负面清单最初主要运用于外资管理，但近年来，我国政府开始把负面清单管理制度视为我国政府未来管理体制改革的重要方向。《中共中央关于全面深化改革若干重大问题的决定》（2013 年 11 月）指出了我国投资管理体制改革的一个重要任务是：实行统一的市场准入制度，在制定负面清单基础上，各类市场主体可依法平等进入清单之外领域。该决定基本确立了负面清单管理模式的基调。而《国务院关于实行市场准入负面清单制度的意见》（2015 年10 月）进一步确立了负面清单管理制度在市场准入领域的方向，并制定了具体方案。与此相应的是，负面清单管理模式在一些地方和领域（海南、佛山、上海自由贸易试验区等）也开始了实践探索，并取得了一些有益的经验（唐治，2015；郭海，2015；陈伟，2014）。

"负面清单"管理是将我国政府的市场管理思维转变为"法治+服务型"的重要表现形式，划定国家重点生态功能区是为了在生态资源富集地区重点突出其生态功能，促进人与自然的和谐共生。在以生态资源富集区和生态脆弱区为典型特征的重点生态功能区实行产业准入的负面清单，则是为了形成经济发展与生态环境的协调发展，促进"资源—环境—经济"的有机统一，进而实现国土空间的高效分类管控。

在生态文明建设的大背景下，专门针对兼具生态资源富集区和生态脆弱区典型特征的重点生态功能区产业准入的负面清单管理研究才刚刚起步。国家重点生态功能区是所有主体功能区中面积最大、覆盖最广、最为典型的生态脆弱区和生态富集区，具有"生态高地、经济洼地"的典型特征。这一特征定位意味着重点生态功能区在协调经济发展与环境保护之间关系方面需更加审慎。在此背景下，在重点生态功能区积极探索负面清单制度，尤其是研究如何开展产业准入的负面清单管理意义重大。

二、研究的理论价值和实践意义

（一）研究的理论价值
（1）有助于为国家重点生态功能区产业准入的负面清单管理的推行提供理

论支撑，有助于深化重点生态功能区研究的理论体系。现有以重点生态功能区为研究尺度的相关研究中，较少有研究关注到这一区域的产业准入及其负面清单管理的理论问题。相关理论研究滞后于实践的现实，进一步凸显了本书研究的重要性和迫切性。本书专门针对重点生态功能区产业准入的负面清单管理开展研究，拓展了该领域的理论研究。

（2）有助于为如期实现"碳达峰、碳中和"目标提供理论指导。实现"碳达峰、碳中和"目标是我国向国际社会作出的重要承诺，其实现的重要路径在于加快调整优化产业结构和进行产业的绿色化改造，关系到"碳达峰、碳中和"目标的如期实现。本书研究的开展有助于从国家重点生态功能区的尺度探索产业准入对实现"碳达峰、碳中和"目标的重要价值。

（3）将负面清单问题的研究进一步拓展到国家重点生态功能区这一特定区域，能够进一步深化对负面清单管理的研究。

（二）研究的实践意义

（1）为进一步完善重点生态功能区现有的产业准入政策制度提供决策参考。现阶段，伴随着重点生态功能区产业准入负面清单管理在全国重点生态功能区的全面落实，相关配套政策制度（尤其是围绕产业准入的相关政策）体系也在重点生态功能区逐步构建和完善。相关政策的调整和完善，亟须相关领域的理论研究来作为指导和支撑。本书的研究正是尝试在重点生态功能区产业准入的负面清单管理模式方面做出的探索。

（2）为负面清单管理在重点生态功能区的推行提供智力支撑。按照国家要求，全国所有的重点生态功能区都必须出台产业准入的负面清单。但产业准入的负面清单在重点生态功能区的具体实施、管理模式及效果评价在理论上还未开始系统探索，实践上也没有参照的样本。在此背景下，本书的研究将为重点生态功能区产业准入的负面清单管理提供智力支撑。

第二节　研究目标与研究问题

一、研究目标

本书综合运用地域功能理论、可持续发展理论、生态系统服务价值理论、人地关系地域系统理论、资源与环境经济学理论、生态经济学理论、产业经济学理论等理论工具，沿着"国家重点生态功能区负面清单管理内涵特征—历史沿革—存在问题—原因解析—产业准入负面清单管理模式—产业准入负面清单管理绩效—产业准入负面清单管理制度保障—国内外负面清单管理的经验启示—政策优化建议"的研究脉络展开，综合运用多种定性和定量研究方法开展课题研究。本书的理论目标是：首先尝试对国家重点生态功能区的产业准入负面清单管理模式进行系统研究，对该特定地区的负面清单管理的内涵、特征、表现形式、政策需求、主要内容、政策调整进行深入分析；其次尝试构建国家重点生态功能区产业准入负面清单的研究思路和研究体系，为后续研究提供理论支持。本书的实践目标是：在重点生态功能区，探索建立产业准入的负面清单管理模式，分析其障碍因素，并对其主要内容体系及政策调整思路开展研究，为未来该主体功能区全面推行负面清单管理提供实践探索经验，同时也为其他类似地区的负面清单管理提供决策参考。本书旨在回答从政策角度如何实施和完善国家重点生态功能区产业准入负面清单的管理模式这一现实命题，从理论上和实践上完成研究目标。

二、研究的主要问题

在国家对主体功能区分类施策的背景下，专门针对重点生态功能区的指导性政策也越来越系统化和精准化。其中，在重点生态功能区全面实施产业准入的负面清单管理就是其中的代表性政策之一。该政策旨在通过鼓励各国家重点生态功能区通过"清单式"管理模式变革助力实施差异化的产业准入，从而实现环境目标与发展目标的协调统一。鉴于此，为实现以上研究目标，本书主要回答如下六个问题：①重点生态功能区产业准入负面清单管理模式的历史沿革与现状特征怎样？整体构架与具体内容是怎样的？不同类型限制重点生态功能区准入和禁止准入的产业有何异同？实施过程中存在哪些突出问题？主要原因是什么？②重点生态功能区产业准入负面清单在产业准入阶段如何管理？在实际运行阶段如何动态监管？退出阶段如何管理？反馈机制如何构建？③重点生态功能区产业准入负面清单管理的效果如何？哪些因素在影响管理效果？④在重点生态功能区产业准入负面清单管理模式中，政府职能如何发挥？⑤国内外开展负面清单管理模式的实践历程和政策调整对重点生态功能区产业准入负面清单管理模式有何借鉴和启示？⑥以优化提升重点生态功能区产业准入负面清单管理效果为目标，有什么具体建议和措施？

第三节　研究内容与重点难点

一、研究对象

本书以国家重点生态功能区为研究对象，通过深入解析负面清单管理的内涵和理论逻辑，归纳总结国内外负面清单管理的实践经验，系统分析重点生态功能区实施产业准入负面清单管理制度的政策需求与障碍，并从产业准入、动态管理、退出机制、反馈机制分析负面清单管理的模式创新，评价管理绩效，最后提出对现有政策制度的调整思路。

二、主要研究内容

（一）重点生态功能区产业准入负面清单管理的历史与现实

（1）解析国家重点生态功能区产业准入管理模式的演变历程。从法理角度梳理国家重点生态功能区对产业准入的管理模式经历了从无清单管理，到正面清单管理，再到负面清单管理的逻辑演变过程，旨在突出负面清单管理模式的法理正当性；从管理角度梳理国土空间开发格局对产业准入管理影响的演变历程，尤其是《全国主体功能区规划》出台后不同主体功能区的分类施策，从非理性探索、制度化规范、主体功能区分类探索，再到主体功能区精准施策的演变历程，尤其关注产业准入负面清单管理模式在国家重点生态功能区普遍落地实施，旨在突出负面清单管理模式的管理精准性。

（2）总结与归纳国家重点生态功能区负面清单管理的主要特征。从产业结构、发展理念、准入产业、准入门槛等方面总结与归纳现状特征。

（二）重点生态功能区产业准入负面清单管理存在的问题与原因分析

（1）负面清单管理对国家重点生态功能区产业准入管理中的功能定位分析。深入分析负面清单管理在国家重点生态功能区中的地位和功能，尤其是对负面清单管理在国家重点生态功能区中的政策需求契合度开展系统分析。

（2）国家重点生态功能区内产业准入管理方面存在的突出问题。选择具有典型特征的部分国家重点生态功能区开展调查研究，归纳和总结当前国家重点生态功能区在产业准入方面存在的突出问题，尤其是从产业准入、生态保护与经济发展的调适、配套政策、动态管理、现实困境等方面总结与归纳存在的突出问题。

（3）国家重点生态功能区实施产业准入负面清单管理存在问题的原因分析。采用系统诊断方法解析重点生态功能区实施产业准入负面清单管理存在问题的原因，从虹吸效应、生态产品价值转化、体制机制、基础工作支撑等多角度、多层面探讨存在问题的原因。

（三）重点生态功能区产业准入负面清单管理的运行机制

（1）重点生态功能区实施产业准入负面清单管理的理念框架。从三个层面明确理念框架：①明晰重点生态功能区实施产业准入负面清单管理所依据的主要理念；②明确不同产业具体的分类负面清单，明确禁止准入类和限制准入类产业和领域；③从产业准入、动态管理、企业退出三个方面归纳重点生态功能区实施产业准入负面清单管理的主要框架。

（2）重点生态功能区实施产业准入负面清单管理的实施策略。从准入门槛上，依托县域生态环境质量考核评估指标体系对重点生态功能区的生态环境质量和政府的环保管控能力进行考评，从而差异化设置准入门槛；在动态管理上，对获准进入的企业从环保约束、经营绩效和信息公开三个方面加强阶段性考评，实施"有进有出"的动态管理；在有序退出上，对于在多个考评周期都位居末位等次的企业，推动企业规范、科学、有序退出。

（3）重点生态功能区实施产业准入负面清单管理的溢出效应与反馈机制。简要探讨重点生态功能区实施产业准入负面清单管理的溢出效应；为保障负面清单管理在重点生态功能区能运行有效，尝试构建以涵盖政府、市场主体、公众在内的三位一体的反馈机制。

（四）重点生态功能区产业准入负面清单管理的绩效评价

（1）构建重点生态功能区产业准入负面清单管理绩效评价体系。运用数据包络分析（DEA）从投入指标和产出指标两个方面选取指标评价重点生态功能区产业准入负面清单管理的绩效。

（2）分析重点生态功能区产业准入负面清单管理绩效的时空格局。从时间历程和空间分布上分析重点生态功能区产业准入负面清单管理绩效的时间演变和空间格局。

（3）分析重点生态功能区产业准入负面清单管理效率的驱动因素。从产业结构、经济状况、环境规制三个方面实证检验影响重点生态功能区产业准入负面清单管理效率的因素。

（五）重点生态功能区产业准入负面清单管理的制度保障

（1）从科学设置产业准入负面清单、法律法规体制及配套制度的完善、强化服务意识和服务水平三个维度，阐述重点生态功能区产业准入负面清单管理的政府职能。

（2）从明确工作流程机制、规范审批统筹制度、强化监督管理机制、完善社会信息公开机制和信用激励惩戒机制以及稳定财税保障机制等方面论述政府对重点生态功能区产业准入负面清单管理的制度框架。

（六）国内外负面清单管理模式的实践现状与经验总结

（1）归纳和总结国际贸易领域实施负面清单管理的经验和教训。主要分析以美国为主导建立的《北美自由贸易协定》（NAFTA）、由亚太国家主导的《全面与进步跨太平洋伙伴关系协定》（CPTPP）、欧盟与加拿大之间的《综合经济与贸易协定》（CETA）等外贸协定中负面清单管理的经验和教训。

（2）归纳和总结国内其他地区和领域开展负面清单管理的实践经验和存在的问题。归纳上海自由贸易试验区负面清单管理的实践现状与主要问题；从萌芽阶段、全国试点阶段、全面实施阶段三个阶段总结市场准入负面清单管理的实践现状与主要问题。

（3）根据以上经验和教训，提出对重点生态功能区实施产业准入负面清单管理模式的启示。

（七）优化和完善重点生态功能区产业准入负面清单管理的政策取向

主要从完善和强化产业准入负面清单管理的配套组织机构、构建和完善支撑产业准入负面清单管理的相应配套措施、细化和完善产业准入负面清单管理的运行机制、争取国家对重点生态功能区绿色低碳产业发展的政策支持、持续深化和加强对重点生态功能区的生态补偿、通过开展广泛的宣教和培训降低政策成本等方面提出优化和完善重点生态功能区产业准入负面清单管理的具体政策建议。

三、研究的重点和难点

本书的研究重点有三个方面：一是重点生态功能区产业准入负面清单管理的政策需求分析；二是重点生态功能区产业准入负面清单管理的运行机制分析；三是重点生态功能区产业准入负面清单管理的政策制度调整。

本书的研究难点在于：一是重点生态功能区产业准入负面清单管理存在的问题与原因分析；二是重点生态功能区产业准入负面清单管理的绩效评价和驱动因素识别；三是重点生态功能区产业准入负面清单管理的政策制度探索与完善。

第四节　研究的逻辑框架

本书的逻辑框架如图 1-1 所示。

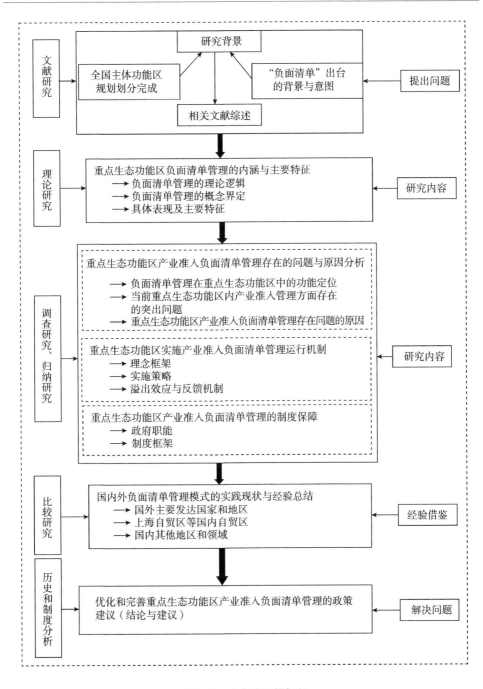

图1-1　本书的逻辑框架

第五节　主要研究方法

本书综合采用归纳和演绎相结合、定性研究和量化研究相结合的研究方法，具体采用的研究方法主要包括典型案例法、调查研究法、定量研究法、比较研究法等。

一、典型案例法

为针对国家重点生态功能区产业准入负面清单管理的主要做法、突出特征、存在问题、原因解析、管理模式等问题开展研究，需要从各类新闻报道、总结材料、深入基层实地调研中寻找具有典型示范价值的国家重点生态功能区在实施产业准入过程中存在的鲜活案例，从中挖掘典型经验做法，进行模式归纳与总结。

二、调查研究法

对全国国家重点生态功能区产业准入负面清单工作进行全面系统调研，调研区域必须覆盖四种类型的重点生态功能区。2017 年 7~8 月，课题组带领 4 名研究生和本科生前往江苏省的南京市、泰州市以及浙江省的湖州市、丽水市、嘉兴市就该地区有关负面清单管理的先进经验开展了调研，尤其是关注调研地区在贯彻落实国家生态文明建设的方针政策方面所采取的产业准入的相关举措。2017 年 10~11 月，课题组带领 6 名研究生前赴江西省共青城市、井冈山市、武宁县、浮梁县、莲花县、芦溪县等国家级重点生态功能县，就这些地区有关产业准入负面清单管理的政策措施开展细致调研，重点了解了实施产业准入负面清单管理模式的总体思路、主要内容、障碍因素。2018 年 7~8 月，课题组带领研究生和 4 名本科生前往江西省新余市、萍乡市、上饶市、赣州市、抚州市开展课题的补充调研，就这些地区有关产业准入的负面清单管理开展田野调查，收集了大量的一手资料。同时，全面收集和整理国家重点生态功能区产业准入的文件资料，尤其是专门针对国家重点生态功能区的负面清单管理的模式以及相应的主要经济指标数据和环境方面的数据，构建二手资料数据集。通过建立实地调查研究数据集与二手资料数据集，为本书的完成打下了良好基础。

三、定量研究法

通过 SBM-DEA 模型对重点生态功能区产业准入负面清单管理的绩效进行评

价，以描述国家重点生态功能区产业准入负面清单管理绩效演变的时空趋势；并利用 SSAR-Tobit 模型从理论和实证上分析重点生态功能区产业准入负面清单管理绩效的驱动因素。

四、比较研究法

通过梳理美国、日本和欧盟市场准入的负面清单管理，以及上海自由贸易试验区等国内自贸区开展负面清单管理的实践历程演变，尤其是归纳和总结典型领域的典型实践与典型经验，通过比较分析共性做法和个性探索，为国家重点生态功能区产业准入负面清单管理的政策优化提供借鉴与参考。

研究内容和研究方法如表 1-1 所示。

表 1-1　研究内容和研究方法

研究内容	研究方法
重点生态功能区负面清单管理的内涵与主要特征	文献资料法、调查研究法、归纳法
重点生态功能区产业准入负面清单管理存在的问题与原因分析	文献资料法、调查研究法、系统分析法、归纳法
重点生态功能区产业准入负面清单管理的运行机制	调查研究法、归纳法、典型案例法
重点生态功能区产业准入负面清单管理的绩效评价	调查研究法、实证研究法（SBM-DEA 模型；SSAR-Tobit 模型）
重点生态功能区产业准入负面清单管理的制度保障	文献资料法、典型案例法、归纳法
国内外负面清单管理模式的实践现状与经验总结	文献资料法、调查研究法、比较研究法
优化和完善重点生态功能区产业准入负面清单管理的政策取向	文献资料法、归纳法

第六节　研究创新与局限

一、研究的创新之处

（1）选题新颖。国内学术界对"产业准入负面清单"相关问题的研究还处于起步阶段，尚未形成系统的研究框架和研究体系，几乎没有专门针对国家重点生态功能区的研究。本书首次尝试研究国家重点生态功能区产业准入负面清单的管理模式，选题新颖。

（2）应用特色。针对"国家重点生态功能区产业准入"极强的应用背景，本书以国家重点生态功能区为研究尺度，着眼于对国家重点生态功能区产业准入的负面清单管理模式，不仅重点研究了其产业准入负面清单的内涵、表现形式，还研究了其政策需求、内容框架，这在"负面清单"研究领域是从未有过的。本书成果可以为功能区分类优化及负面清单管理建设提供借鉴和参考。

（3）研究方法运用上是一项新的尝试。现有有关重点生态功能区产业准入的研究主要以规范研究、定性研究为主，缺乏定量研究。本书综合采用了定性研究和量化研究相结合，尤其是用到了计量分析工具（如 SBM-DEA 模型、SSAR-Tobit 模型等量化分析工具），在研究方法上显著区别于当前本领域的相关研究成果。

二、研究的局限性

鉴于受客观数据资料的局限，本书重在探索性和思辨性，对所研究的问题还存在以下三个方面的不足：

（1）研究框架的局限。本书以重点生态功能区产业准入的负面清单管理为研究内容，目前在该研究领域还没有形成获得普遍共识的研究框架，本书所运用的研究框架是基于国家重点生态功能区的特殊性，并在前人研究基础上提炼和归纳而成的，科学性和可靠性还有赖于后续研究进一步验证。

（2）研究内容的不足。重点生态功能区产业准入的负面清单管理涉及的内容很广，涉及不同类型、不同区域、不同主体、不同产业，不同指标的选取可能导致较大的结果差异。本书并未根据以上差异对重点生态功能区进行准入产业的科学划分，可能影响最终政策的精准性，未来研究可以考虑将不同地区、不同类型重点生态功能区进行划分，并对不同主体、不同产业类型进行划分，尤其是考察重点生态功能区和非重点生态功能区产业准入的绩效差异，以及相应的分类政策优化取向。

（3）研究数据的限制。产业准入负面清单管理制度于 2015 年才正式在重点生态功能区逐步展开，相关数据缺失严重，尤其是县域层面的数据非常欠缺，如衡量相关绩效投入的数据、反映绿色产出的相关数据等都难以获得。鉴于研究数据不同程度的缺失，本书的研究结论与实际情况可能存在不同程度的偏差。

第二章 研究动态与理论工具

全面而系统地总结和归纳当前研究动态与研究趋势，并梳理与本课题所运用的相关理论工具，是开展本课题的基础性工作。本章的主要目标是通过全面梳理、归纳和总结围绕重点生态功能区产业准入、负面清单管理等相关问题的研究现状和趋势；同时，结合研究对象和研究问题，梳理和介绍本书所使用的理论工具，夯实本书的理论依据，从而为本课题的后续研究奠定了基础。

第一节 重点生态功能区产业准入负面清单管理的研究动态

学术界对"负面清单管理"的研究主要集中于外资准入和市场准入两大领域。重点生态功能区产业准入负面清单管理实践的时间并不长，学术界对该领域相关问题的研究仍旧处于探索阶段，并未形成系统化的研究成果。近年来，随着国家加快推进优化国土空间开发格局，落实主体功能区战略，有关重点生态功能区实行产业准入的负面清单政策的现实情况引起社会高度关注，相关研究也日益活跃。本章先从负面清单管理研究的"宽口径"综述现有研究成果，而后聚焦到重点生态功能区产业准入负面清单管理的相关研究。为了全面把握本课题的研究现状，本章全面检索了本研究领域的研究成果，从负面清单管理的内涵及法理探讨、负面清单管理面临的问题和障碍、外资进入的负面清单管理模式、负面清单管理的国际经验、重点生态功能区负面清单管理的相关研究等方面详细梳理了当前研究成果。

一、负面清单管理的内涵及法理探讨

负面清单管理区别于正面清单管理。正面清单要求清单上列明的范围即可进

入，在列明范围外的一概排除；而负面清单与之相反，在清单上列明的范围禁止或限制进入，而清单列明范围外即可进入（林钰，2016），因此两者是一种反向的管理模式。负面清单也通常被称为投资领域的"黑名单"，它的含义是指由于缔约方需要承担相应的义务同时需要保障自身的利益，因此在双方的投资协定中，需要制定出与自身所承担义务相违背的条款和措施，这些措施和条款在表现形式上为列表内单独列出不符措施，因此不同的负面清单所列举的数量以及其长短均会有所差异。负面清单会清楚地列明限制的行业，主要包括本国的薄弱行业、基础行业和具有公共服务性质、有关国家安全的产业以及缔约国相对于本国具有竞争优势的产业等（郝红梅，2016）。基于此，投资国能够根据清单所列禁止和限制标准进行针对性的投资，提高投资的决策效率和自由化的进程，也就是通常所说的"法无禁止即可为"。

负面清单管理模式有着丰富的内涵：首先，负面清单是法律形式的一种体现，它具有现代法律的思维和理念，虽然负面清单是对市场主体的交易进行限制，但由于所列清单的实际制定者是政府，并划定了政府的行政职权范围，是限权与赋权思维的表现（赫郑飞，2014）。其次，负面清单也是一种特别的管理方式，由于缔约双方在约定贸易范围时，容易涉及与本国国民待遇原则不容的行业和部门，因此有必要通过"负面清单"明确列出禁止和限制投资国企业的相应投资行为。而对于清单限制或禁止准入以外的行业或项目两国都应履行其开放义务，且双方不得在未经另一方同意时随意更改负面清单内的协定要求。

龚柏华（2013）从法理和国际贸易角度解析了负面清单的内涵。黄涛涛（2014）认为，把负面清单界定为外资的范畴，负面清单属于外商投资准入制度，是外商投资的"黑名单"。孙婵和肖湘（2014）则从主体资格是否要经明确授权、由谁授予以及市场准入制度的标准三个角度界定了负面清单的内涵。郭冠男和李晓琳（2015）从市场准入管理制度的理论依据、变革历程、制度特征及其困境着手，提出了我国市场准入负面清单管理制度的改革思路与路径选择。卢进勇和田云华（2014）认为，负面清单的应用是为了使投资市场更为开放、投资规则更为透明。Patrick Low（2013）认为，负面清单的主要特点是增加投资的自由度，从而降低对于市场准入管制的力度。

重点生态功能区产业准入的负面清单管理是对市场准入负面清单管理的继承和发展，既存在共同点，又有着明显的区分。市场准入负面清单主要针对国际的经济贸易与投资，其目的是吸引投资和发展经济；而重点生态功能区产业准入负面清单则主要针对国内已有的产业的限制，目的是改善生态环境、提高生态产品质量以与发展经济同时并行，形成"经济—环境"的协同发展格局（邱倩和江河，2016）。对于拓展到重点生态功能区产业准入负面清单管理，同样遵循"法无禁止即允许"的开放性原则，但考量的主要是基于重点生态功能区的生态脆弱和生态功能两个基本属性（许光建和魏嘉希，2019）。鉴于国家重点生态功能区社会经济发展均相对滞后，因此需要引入产业对此区域进行开发，由于生态脆弱的基本属性，需要因地制宜，在保证经济发展的同时兼顾生态安全，限制甚至禁止进行大规模高强度农业现代化、工业化及城镇化开发（时卫平等，2019），对于未限制其进入的产业同样应履行其对生态进行保护的义务，从而保证优质生态产品供给。

二、负面清单管理面临的问题和障碍

很多学者关注了负面清单管理面临的问题和障碍。王中美（2014）从国际比较视角研究了上海自由贸易试验区试行负面清单管理中存在的外资界定、负面清单范围和限制标准、准入程序和管理改革四个方面的问题。曾文革和白玉（2015）从法治角度分析了负面清单管理存在外资开放的投资理念尚未深化、投资管理模式基本法律缺位、政府行为与市场行为的边界难以厘清、投资监管顶层设计不足以及配套措施建设进展缓慢等问题，并提出了相应的对策。王中美（2015）基于国际经验提出了上海自由贸易试验区在负面清单管理中存在不确定性、权限不协调、无行政许可等负面的问题。张相文和向鹏飞（2013）介绍了我国引入负面清单管理模式后的战略意义以及未来的管理模式畅想，认为引入负面清单能够有效提升政府的管理效率，也为我国后续其他各地开展负面清单管理模式汲取有效经验，以推动我国的经济开放升级。龚晓峰（2014）对于负面清单管理模式的内涵进行了深度的解读，认为该项政策的顺利实施深化了我国的法治建设。韩冰（2014）认为，该举措对现行的中国外商投资管理体制是一把"双刃剑"。高维和等（2015）以美国作为研究对象，从美国与他国签订的双边投资协定的内容中汲取经验：认为我国在开放的原则下也应审慎地因地制宜设置负面清单内容。与此同时也应意识到将会面临的风险，提升相应的监管力度以及风险防控能力以避免全面实施负面清单所带来的风险（聂平香和戴丽华，2015）。孙元欣和牛志勇（2014）重点研究了上海自由贸易试验区负面清单转化为全国负面清单的路径和措施。王长红（2015）主要研究了上海自由贸易试验区有关"负面清单"管理模式中存在的突出问题，并提出了相应的对策。唐晶晶（2016）分析了我国现行的行政审批制度改革存在的问题，认为我国负面清单制度仍需改进。

在负面清单推广至区域环境治理领域后，学者对于产业准入负面清单进行了深入研究。许光建和魏嘉希（2019）认为，在实行产业准入负面清单管理制度过程中，相应的财政政策并未很好地与之进行匹配，从而导致该项政策的实施未能很好地化解生态保护与经济发展之间的矛盾。时卫平等（2019）实证检验了重点

生态功能区的问题区域，以期协调国家重点生态功能区环境保护与经济发展的关系。也有学者深入解读了《重点生态功能区产业准入负面清单编制实施办法》，并提出了完善建议（肖金成和刘通，2017；邱倩和江河，2017）。

通过以上文献梳理发现，对于市场准入的负面清单经过从上海试点逐步推向全国已经取得了一定成效，但仍需应对各种问题与障碍。对于重点生态功能区产业准入负面清单，不仅关乎经济活动，更是涉及了经济活动与生态环境相互作用协调发展的复杂系统，因此仍旧存在许多不足之处，需要制定更为完善的方案推进人与自然的和谐发展（邱倩和江河，2017）。

三、外资进入的负面清单管理模式研究

外资领域的负面清单管理起源于 1953 年美国与日本所签订的《友好通商航海条约》（*Friendship Commerce Navigation Treaty*）（李贵平，2018）。随着美国对外投资扩张以及不断对协议进行完善和更迭，美国通过《北美自由贸易协定》（NAFTA），将"负面清单"应用到与其进行贸易投资的多个发达国家乃至发展中国家中。美国的负面清单管理制度沿用至今，由此推进了我国在外资领域对负面清单管理的引入。通过成立中国（上海）自贸区，并作为负面清单管理的试点，开始进行对外资准入负面清单管理的试验和探索，推出了《中国（上海）自由贸易试验区外商投资准入特别管理措施（负面清单）》，改革外商投资准入管理模式。各个国家所制定的负面清单的侧重点、列表长短以及所列举的限制条目的数量都各具差异化，主要与该国家进行贸易的国家实际发展情况有关（樊正兰和张宝明，2014）。由于最初相关经验不足，也为了加快吸引外资的步伐，我国最初针对外商投资采用了"准入前国民待遇+负面清单管理模式"，该模式通过及时地公布外资准入的负面清单的全部内容的形式，保证在引入外资的同时保护本国产业的安全。对于内部资本，则采用负面清单管理，仅有清单内明确指出的行业不准许进入，范围外的其他行业均可自由进入。

Thurbon 和 Weiss（2006）主要梳理了负面清单的发展历程对正面、负面清单模式实施效果进行比较。Patrick Söderholm（2013）评估了负面清单管理在某个产业部门的实施效果。庞明川等（2014）分析了中国现行外资准入制度与准入前国民待遇+负面清单管理模式的差距，并提出了进一步完善中国外资准入制度的对策思考。Stephen Magiera（2011）通过对比印度尼西亚 2007 年和 2010 年的负面清单之后，负面清单在管理外资进入方面具有积极作用。Peinhardt 和 Allee（2012）实证检验了与美国签署自由贸易协定（*Free Trade Agreement*，FTA）的国家与负面对缔约国引进外资的影响。

我国首次在上海推行了"负面清单"政策后，其他各地相关政府部门也随

即在各领域推行"负面清单"管理制度，包括经济、环境治理以及社会管理等。同时也有学者提出需要在金融领域推出"负面清单"，使金融行业能够更加规范，以厘清市场与金融监管的边界（全先银，2014）。正是由于负面清单这一模式引入我国外商投资领域后取得了有效成果，随后负面清单管理在环境治理这一领域的探索研究也逐渐起头。为了实现环境治理、生态保护与经济发展的平衡关系，引导我国重点生态功能区生态产业的合理走向，产业准入负面清单管理在国家重点生态功能区全面落地实施，并相继出台了其编制实施办法，这也正式表明我国将负面清单管理模式引入区域环境治理领域。

四、负面清单管理的国际经验

梳理负面清单管理的国际经验对厘清重点生态功能区产业准入负面清单管理的相关问题具有重要价值。郝洁（2015）归纳总结了美国、澳大利亚、日本、韩国等发达国家和以印度为代表的发展中国家负面清单管理的内涵和主要特点，并提出了对我国的启示。孙瑜（2015）则从墨西哥的产业选择角度解析了其负面清单管理对中国的经验。郝红梅（2016）对几个发达国家国际负面清单管理模式进行经验比较，总结了负面清单将来的发展趋势。孙元欣（2014）通过梳理发达国家负面清单的框架要素、管理模式、管理举措等，并提出了中国的改进方向。李思奇和牛倩（2019）通过美国、墨西哥、加拿大共同签订的国际协议之间的文本、承诺、限制措施及行业分析、三方不符措施违背正面义务进行比较研究，为中国未来制定投资类负面清单以及国际投资协定谈判等提供经验借鉴。钱晓萍（2019）认为，文化产业对国家全球战略意义十分重大，因此通过对美国 FTA 文化产业负面清单的解读，提出中美文化产业负面清单的构想。杨荣珍和贾瑞哲（2018）分析总结了 CETA 等投资协定中负面清单制度的设置，为中国将来进行投资协定谈判提出启示与借鉴。王俊峰和于传治（2018）通过对美国版《双边投资协定》（*Bilateral Investment Treaty*，*BIT*）进行考察，发现实施负面清单制度的价值在于为相应策略的灵活运用留有余地，并意识到 BIT 仍存在问题，为进一步推动我国负面清单制度的构建以及中国外资准入制度建设奠定基础。陶立峰（2018）通过负面清单的国际经验比较，并分析我国自贸区负面清单与国际最高标准之间的差距，认为我国未来的自贸区负面清单的指定内容可以借鉴《跨太平洋伙伴关系协定》的结构和内容。申海平（2018）归纳总结了印度尼西亚的指定内容以及特点，认为其真正实现了投资的"非禁即入"，因此印度尼西亚的负面清单制度在发展过程中的经验和教训可以对我国负面清单制度的发展提供思路和启发。马久云（2017）通过对国外负面清单管理模式进行分析解读，提出了中国该项管理模式的改进方向和措施。张小明和张建华（2015）总结欧盟、美国、日本等负面清单的管理经验，为我国改进负面清单管理模式提供了改进方向。

五、聚焦重点生态功能区的相关研究

重点生态功能区承担着重要的生态功能（黄耀欢等，2016）。自 2010 年《全国主体功能区规划》落地实施以来，围绕重点生态功能区的研究不断增多，本部分主要综述学界聚焦重点生态功能区开展的相关研究。

有些学者针对特殊类型的重点生态功能区开展研究。侯鹏等（2018）以海南岛中部山区热带雨林重点生态功能区为研究区域，通过统计学和生态评估模型模拟方法进行评价，研究发现该重点生态功能区的生态作用得到显著提升，该项政策的落地对生态系统格局和服务功能均发挥了积极作用。张玉等（2019）通过建立生态指标体系，并采用 AHP 方法对江西重点生态功能区的生态扶贫政策进行了评价研究，研究发现生态产业扶贫效果得到有效提升。甘元芳和张璇（2019）通过构建三项生态指标对长江经济带的重点生态功能区进行评价研究，发现长江经济带的生态环境处于相对稳定的状态。

还有不少学者从整体尺度对国家重点生态功能区开展研究。陈瑜琦等（2018）认为，重点生态功能区内的生态用地面积和质量代表其生态环境保护力度，因此他们就这两项指标的变化情况对中国各国家重点生态功能区进行研究分析，研究发现各个生态功能区的两项指标差异较大，但就每个生态功能区来说，它们各自在这两项指标的变化情况不断地有所改善。黄斌斌等（2019）通过对重点生态功能区的生态资产保护成效以及驱动力进行研究发现，就生态资产保护效果方面，重点生态功能区内保护效果高于非重点生态功能区，且保护成效十分显著。刘璐璐等（2018）通过实证研究发现，中国国家重点生态功能区的生态系统状况总体呈现好转。黄耀欢等（2016）认为，人类活动与生态环境的恶化密切相关，因此对其在重点生态功能区内的影响进行研究，发现人类活动对生态环境的影响主要集中在生产和生态建设两方面，其中主要以耕地为主导型变化。

根据学界对重点生态功能区的相关研究可以发现，当前研究主要关注了重点生态功能区设置的必要性，科学评价了重点生态功能区设置的积极后果。主要研究了重点生态功能区设置的生态和经济后果。

六、关于重点生态功能区负面清单管理的研究

有研究者认为，对重点生态功能区实行产业准入负面清单管理模式可能导致该生态区的发展机会降低，从而影响经济的发展以及社会发展水平的提高。鉴于各种类型重点生态功能区的功能定位差异，使现行区域空间治理政策呈破碎化，缺乏系统解决方案，空间治理能力水平相对滞后于区域经济发展水平，因此产业准入负面清单需要兼顾区域要素（刘金龙等，2018；樊杰和王亚飞，2019），同时，也要根据当地的生态状况因地制宜选择产业，对不利于当地生态系统发展的产业限制甚至禁止入内，通过精准识别功能区产业格局，实现空间治理高效化，使政策实施效果得以最大化。不同地域、不同类型重点生态功能区的环境承载力各不相同，但均坚持以尊重自然、顺应自然为发展目标，坚持适度开发、集约开发、协调开发的空间利用方针（邱倩和江河，2016），在提高各重点生态功能区对生态产品的供给能力的同时实现可持续发展。

各地政府应当有针对性地根据生态功能区的承载力以及资源特点，制定禁止和限制准入的产业清单以便进行规划管理，以防形成生态功能的退化思维，有效推进区域空间合理有序利用的战略机制。罗成书和周世锋（2017）认为，应该以"两山"理论为指导思想，建立差异化考核体系和产业准入负面清单制度，继续深化试点试验并总结推广先进地区的发展经验。廖华（2020）认为，重点生态功能区的建设能有效提高民族自治的绿色发展观念，负面清单管理则是提高该观念的有效措施。产业准入负面清单的制定同样注重生态农业的发展，但要寻求生态保护与农业发展之间的平衡点（刘金龙等，2018）。还有部分学者就重点生态功能区负面清单管理情况进行分析。叶科峰等（2020）建立基于地理国情普查的空间体系，根据空间位置和数量变化来监测广西重点生态功能区县产业准入负面清单的执行情况，为实现高效化的监管提供了借鉴。熊玮和郑鹏（2018）就江西国家重点生态功能区负面清单的具体实施情况进行分析，总结其实施过程中存在的问题，并提出了相对的应对之策。

七、文献述评

现有研究成果有助于我们从整体上把握"负面清单管理"相关问题研究的现状和趋势，也为本书的研究提供了广阔的研究视角和良好的研究基础。对于负面清单管理的相关研究，更多研究是聚焦于外资准入和市场准入等领域的负面清单管理，对重点生态功能区产业准入的负面清单管理问题还显得较为欠缺。综合来看，当前研究还存在以下三个不足之处：

（1）研究尺度上的聚焦性不够。现有研究的视角主要多见于对外资进入中国的讨论以及自贸区的负面清单研究，针对其他对象的负面清单研究较为少见，尚未见到专门针对重点生态功能区的负面清单研究。在现有文献中，关于重点生态功能区的研究主要集中于对其生态功能的科学评价以及利用生态功能区实现扶贫功能。现有研究更为关注重点生态功能区的生态属性，对其产业准入的相关问题并未给予足够关注。同时，现有关于实行产业负面清单的文献大多出于对法律的剖析以及对文件的解读，缺乏对于重点生态功能区产业准入的理论与实证研究。重点生态功能区在全国主体功能区规划中占据重要地位，受制于其功能定位，在经济发展、产业准入等方面与其他功能区面临的约束完全不同，但现有有关负面清单管理方面的研究文献较少关注重点生态功能区。对于国家生态功能区实行产业准入负面清单制度后的实施效果与后续发展的实际情况以及下一步调整方向等问题的研究还比较欠缺。

（2）研究方法上量化研究不充分。现有对产业准入负面清单的研究主要是对于该制度探索的定性研究，较少采用计量模型对其进行量化研究。现有文献仅采用指标分析法及聚类分析法，选取指标对重点生态功能区现有情况进行衡量，从而识别其问题区域。该方法主要识别现有资源的分布情况，对于时间上的纵观比较无法得到深刻认识。现有文献使用的定量方法单一，且没有对重点生态功能区产业准入负面清单管理进行定量研究，对制度实施的效果优化建议效果有限。

（3）研究内容上的深入性不足。现有研究在负面清单的内涵及法理依据、负面清单面临的问题和障碍、外资进入的负面清单管理模式、上海自由贸易试验区的负面清单问题以及负面清单管理的国际经验等方面研究较为深入，但缺乏针对重点生态功能区这一特殊地区及其产业准入的负面清单管理的研究。少量针对重点生态功能区实行产业准入负面清单的研究，也主要是以定性研究为主，没有关注重点生态功能区产业准入的发展历程、主要特征、存在问题、原因解析，同时对重点生态功能区负面清单管理的运行模式、绩效评价效果以及政府职能等问题也甚少关注。

总体而言，我国实施主体功能区规划的时间较短，专门就重点生态功能区保护和发展的冲突与调适、探索其产业准入负面清单管理模式的研究相对起步较晚。重点生态功能区实行产业准入负面清单管理聚焦人地关系的和谐发展，对维护国家生态安全和促进经济发展具有重要作用。对该问题的研究，不仅有助于实现高效的空间治理，还有助于为国家治理体系和治理能力现代化提供新的素材。因此，对于重点生态功能区实行产业准入负面清单管理还需进一步探索和研究，理论分析框架和实证研究仍需更为深入地探索。那么，在生态文明建设"五位一体"的要求下，重点生态功能区的产业准入负面清单制度的建立和实施到底面临一些什么样的困境，其制约"瓶颈"在哪里？重点生态功能区的负面清单管理的运行机制是什么？在制度实施过程中持续给予政策、资金等支持的背景下，国家重点生态功能区实施产业准入负面清单的绩效究竟如何？实行负面清单管理的先行国家和领域（国外负面清单管理、上海自由贸易试验区负面清单管理、市场准入负面清单管理等）对重点生态功能区实施产业准入负面清单管理有何经验启示？对于进一步提升重点生态功能区产业准入负面清单管理的有效性，应该从哪些方面完善相关政策保障，这些问题都有待学界进一步地深入思考和探究。

第二节　本书所运用的理论工具

　　厘清负面清单管理模式的理论工具，对指导我国顺利推进重点生态功能区实施产业准入的负面清单管理具有重要价值。结合重点生态功能区实行产业准入的负面清单管理的理论研究现状，本书认为，地域功能理论、可持续发展理论、生态系统服务价值理论、人地关系地域系统理论和生态经济学理论等为重点生态功能区产业准入的负面清单管理提供了重要的理论支撑。而作为负面清单管理的法理依据——"法无禁止即可为"，更为重点生态功能区实行产业准入的负面清单管理的相关研究提供了重要的理论指引。

一、地域功能理论

　　地域功能理论是经济地理学和区域发展研究领域的经典理论。该理论起源于19世纪英、德、法等西方国家在区域研究和区域规划等地理学领域进行的大量实践工作和理论研究。最初受到客观现实及基础资料限制，学者通常通过定性方法进行区域研究，缺少定量分析，导致科学性被质疑。在此背景下，地域功能理论逐渐孕育并形成。地域功能理论的发展主要经历了三个阶段：①2003~2006年融合了经济、社会、生态多学科的研究成果逐步奠定了该理论主要基调；②由于国家战略的需要，2007~2012年该理论正式形成；③2013年之后该理论的整体框架逐步完善，并最终形成了以生成机理、相互作用、空间结构、区域均衡等理论层面和功能识别、功能区划、区域治理等应用层面并驾齐驱的现代地域功能研究框架（盛科荣等，2016）。

　　地域功能是自然环境与人类社会环境相互作用，即人地相互作用的产物，是一个在地域范围内的可持续发展。自《全国主体功能区规划》落地实施以来，主体功能区建设便被提升至前所未有的高度，根据当地的生态特点以及环境水平，将国土空间划分为优化开发、重点开发、限制开发和禁止开发四类主体功能区（杨伟民等，2012），并根据不同的主体功能区分类施策。国家重点生态功能区是推进主体功能区建设，优化国土开发空间格局、建设美丽中国的重要任务（杨建锋等，2016）。

　　在这样的背景下，重点生态功能区实行产业准入的负面清单管理得以在全国推进。该政策的初衷是，为了达到人地的和谐发展，在人类进行经济活动的同时，也要尊重自然规律，在产业准入上限制破坏当地生态环境的产业进入，协调人与自然的关系。在制定产业准入的负面清单时，需要统筹考虑地域的生态功能和经济社会发展现实需要，推动实现空间管控、区域治理与经济社会发展的协调统一。因此，地域功能理论是本书的主要理论工具之一。

二、可持续发展理论

可持续发展理念萌芽于1962年，雷切尔·卡逊（Rachel Carson）撰写的《寂静的春天》一书，该书引发了大众对传统生态发展理念的反思。丹尼斯·米都斯（Dennis L. Meadows）于1972年撰写的《增长的极限》一书中首次提出"合理持久均衡发展"的理念，敲响了人类对于可持续发展的警钟。同年，《只有一个地球》的发表，表明经济发展需在环境保护的基础上进行，对于推动可持续发展产生了重大影响。1987年2月，"可持续发展"的概念由世界环境和发展委员会（WECD）发表的《我们共同的未来》的报告中正式首次提出，并系统阐述了该理论的概念。1991年发表的《保护地球—可持续生存战略》阐述了可持续生存的基本原则、发展内涵。至此，可持续发展理论基本成形。

可持续发展有着丰富的内涵，揭示了"发展、协调、持续"的本质，反映了"动力、质量、公平"的有机统一（牛文元，2008）。可持续发展追求发展，但其发展的含义更为包容，其所蕴含的发展是寻求经济与环境之间平衡的发展。因此，可持续发展理念具有公平性、持续性和协调性的基本特征。如何把握发展的尺度，关系着经济效益、资源消耗以及社会效益的协调发展。

根据以上理论分析，实行产业准入负面清单管理的主要目的之一是，通过设置产业准入门槛，限制并禁止高污染、高能耗产业进入，降低人类活动对生态环境的影响，以保护重点生态功能区的可持续发展能力，提高生态功能区的环境承载力。构建和完善重点生态功能区生态环境与经济发展协调发展的机制，从而将人类活动和对生态承载能力限定在一个合理的阈值内，以实现人类的可持续发展。综上所述，可持续发展理论是本书的主要理论工具之一。

三、生态系统服务价值理论

生态系统服务价值理论源于学者对生态系统服务功能方面的研究（李宁，2018）。早在20世纪70年代，随着人们对生态环境的破坏，生态环境问题危及人类可持续发展之时，国外学术界就已经开始了关于生态系统服务价值（ESV）的相关研究（Wilson，1970）。"生态系统服务功能"一词最早出现在1970年联合国发表的《人类对全球环境的影响报告》中，并列举了一些自然界存在的气候调节、洪水控制、物质循环等生态系统服务功能。随后，学者逐渐开始对生态系统环境的服务价值展开了系统而深入的研究，生态系统服务价值理论逐渐孕育。之后，对生态系统环境服务价值研究的步伐逐步加快。1994 年，皮尔斯（Pearce）（1994）对生态系统服务的价值进行了分类。Daily（1997）给出了生态经济学的定义，对推动生态经济学的发展具有重要意义。Constanza 等（1997）在其基础上，首次估算了生态系统的服务价值，对生态经济学的发展具有重要意义，生态系统服务价值理论才逐渐得以最终确立。正是由于学者的持续研究，该理论得以取得了巨大进展，并由此引发了大量学者的探讨（Hueting and Reijnders，1998；Norgaard et al.，1998；Pearce，1998；Bockstael et al.，2000）。生态服务价值理论认为，生态系统是有价值的，各类生态资源构成了统一的生态系统，不同资源在生态系统中因功能的不同而产生了不同的价值。

根据以上对于生态服务价值理论的阐述，生态系统是有承载力的，生态资源也是有价值的，不可随意获取。在国家重点生态功能区建立产业准入的负面清单管理的主要考量之一，就是为了保护和合理开发利用优质的生态资源价值，依托生态环境的优势发展绿色低碳产业。通过建立重点生态功能区产业准入的负面清单，能够有效地保护生态系统资源的价值，同时也能最大化发挥生态系统的服务价值，也能为提供优质的生态产品提供保护措施，为保护生态系统服务功能变化机制和生态多样性作出贡献，做到人与自然和谐共生。因此，生态系统服务理论也是重点生态功能区实行产业准入的负面清单的主要理论工具之一。

四、人地关系地域系统理论

人地关系地域系统理论最早的起源可以追溯到古希腊、罗马时代，但该理论的完整概念则是由吴传钧（1991）于 1981 年正式提出，随后在 1991 年对其作了详细的阐述。该理论认为：人地关系是指在一定范围内、一定的地域中相互联系和作用进而形成一种动态结构。人地关系是人类活动与地理环境之间的物质循环与能量转化的相互结合，是一个复杂的变化的巨型开放系统（李平，2020）。方修琦和张兰生（1996）认为，对人地系统的研究是为了揭示人类与自然环境、人为环境、社会环境之间的相互作用与反馈机制，解决资源—生产—消费之间平衡关系的建立所起的作用。人地关系不能忽视人类活动与自然环境的有机统一，他们是相互作用且相互关联的，通过两者之间的相互作用达到人地系统协调发展。人地关系地域系统的形成反映了自然系统对人类活动的承载和反馈以及人类活动对自然系统的占用和依赖（盛科荣和樊杰，2018）。正是由于人类活动超出了自然环境的承载能力，且人类过于依赖自然以及对自然系统的过度开发，自然系统对此做出反馈，这个反馈机制形成了地域功能。

人与自然是相互依存的关系，生态环境的恶化势必会影响到人类活动，人类活动也无法摆脱自然资源和环境的束缚以及影响。如何处理好人地关系关乎人与自然的和谐发展，这也意味着经济发展与生态环境保护需要共同发展，做到经济发展与环境维护同频共振。在国家重点生态功能区实行产业准入的负面清单管理，是为了将人类活动的影响限定在生态环境可承载的能力范围内，寻求人类活动对环境影响的最小值，优化两者之间的关系，这与人地关系中协调人类活动与地理环境之间的关系的目的一致。由此可见，人地关系地域系统理论也是重点生态功能区实行产业准入的负面清单的重要理论基础之一。

五、生态经济学理论

生态经济学最初由 1968 年 Kenneth Boulding 发表在《生态经济学——一门科学》一文中所阐述的"宇宙飞船经济观"。该文提出，人类必须建立"循环型经济"和"储备型经济"。由此，引发了诸多学者从生态与经济相互结合的角度对经济问题进行探讨。正是由于经济在快速发展的过程中忽略了生态与经济应该协同发展，导致环境质量下降，资源消耗增加，加剧生态环境的恶化，产生了很多生态与经济不协调的问题。在此基础上，生态经济学理论应运而生。

Costanza（1991）将生态经济学定义为"可持续性的科学和管理"，将经济与生态相互连接，认为经济与生态相互作用相互影响，丰富了经济学的含义，扩大了经济学的范围。Barbier（1994）认为，生态经济学是对经济—环境相互作用的综合研究分析。Faber 等（1996）认为，生态经济学研究的是地理环境中的生态系统与人类经济活动之间的相互作用。Asafu Adjaye（2000）认为，生态经济学和自然资源经济学有一定的相关性，因为两者均对生态过程有相关研究。Martinez Alier（2001）认为，生态经济学包括人类经济活动对地理环境影响的物理评价。根据以上文献研究可知，国外学者并未就生态经济学的认识达成一致；而我国学者对于生态经济的认识，也未形成共识。有的学者认为，生态经济学需要综合考虑生态与经济双重属性，不应割裂生态系统与经济系统，而是要将两者的要素相互联系（刘思华，2007）。有的学者认为，生态经济学是一个复合型的系统，在具有经济属性的同时不能抛弃其生态特性（李剑锋，2019）。也有学者认为，生态经济学是以最广泛的角度理解人与自然之间的相互作用的关系（杨珂，2018）。

生态经济学理论的目标是实现"资源—环境—经济"的有机统一，将人类社会系统与自然环境系统相互联系，实现生态经济效益。在国家重点生态功能区实行产业准入的负面清单管理，其目的是在改善自然环境的基础上同时发展适合该功能区的绿色低碳产业，实现区域经济与自然环境共同发展。由此可见，生态经济学理论对于在重点生态功能区实行产业准入负面清单管理同样具有重要的理论指导。

六、负面清单的法理依据——法无禁止即可为

"法无禁止即允许"的法理思想来源于西方的一句法学谚语，后转变为国家法律中的一项法律原则。"法无禁止即可为"表示的是并未在法律中明确禁止的，公民有权利从事自己具有意志、欲望或意向想要做的事情（马峣，2019）。这项法律原则表明只要在未被法律禁止的范围内，个体可以按照自身意愿行事以及捍卫自己的权力，增加了个体的自由度。

以负面清单管理为代表的"清单管理"就是该法理思想在管理领域的延伸和运用，该制度的实施奠定了我国在管理领域的改革思想和法制变革思想。负面清单管理首先被引入到外贸领域和市场准入领域，市场准入负面清单通常是两国进行贸易时经过协商并以列表的形式明确列明禁止或限制进入各国的行业，在清单之外的行业可以自由进入，符合"法无禁止即可为"的原则。此外，负面清单管理制度缩小了行政审批制度的范围，扩大了交易市场与投资格局，同时也能够促进我国经济与世界经济的快速接轨。因此，负面清单管理制度也是国家治理体系和治理能力现代化的重要领域和尝试。

在重点生态功能区实施产业准入的负面清单管理则是将负面清单管理制度推广至国土空间开发分类管控领域，是一项重要的制度创新。在该领域内，负面清单以列表形式存在，地方政府根据重点生态功能区内的生态环境状况、经济社会发展状况，列出明令禁止或限制进入的产业形成产业准入负面清单；清单并未列明禁止或限制的产业可以自由进入，为重点生态功能区的可持续发展提供政策保障，促使区域经济与自然环境同频共振。因此，本书体现了"法无禁止即可为"的法理思想。

本章小结

本章首先对重点生态功能区实行产业准入负面清单管理的国内外研究动态以及运用的主要理论工具作了系统梳理、归纳和总结。厘清负面清单模式的历史演进与内涵，是分析重点生态功能区实行产业准入负面清单管理的逻辑起点。其次为了掌握产业准入负面清单模式的研究动态，从负面清单管理的内涵及法理依据、负面清单管理面临的问题和障碍、外资进入的负面清单管理模式、负面清单管理的国际经验、有关重点生态功能区的研究以及重点生态功能区负面清单管理研究等方面做了综合归纳和总结。最后指出了当前文献存在在研究尺度上专门聚

焦重点生态功能区的研究不够、在研究方法上科学量化研究不足、在研究内容上对重点生态功能区实行产业准入负面清单管理的研究不够深入等缺陷，从而为本课题的后续研究做了必要的文献准备。

此外，为了找寻国家重点生态功能区实行产业准入负面清单管理研究的理论工具，本章简要介绍了指导本课题开展研究的地域功能理论、可持续发展理论、生态系统服务价值理论、人地关系地域系统理论、生态经济学理论以及负面清单的法理基础等理论演变及理论框架，并简要分析了上述理论对国家重点生态功能区实行产业准入负面清单管理研究的适用性和指导性，为本书的研究提供了学理依据。

第三章　重点生态功能区产业准入负面清单管理的历史与现实

第一节　重点生态功能区产业准入负面清单管理的历程演变

在重点生态功能区针对产业准入开展负面清单管理制度的探索，是党和国家推进生态文明建设的重要体现。在改革开放的进程中，我国经济体制从计划经济向市场经济的转型，随着经济发展不断加快，生态环境恶化加剧，保护环境刻不容缓。我国开始了在生态、环境、资源等协调发展问题的探索研究，不断优化环境保护机制。在重点区域实施产业准入负面清单的模式，是国土空间开发格局的一次伟大创新，有利于生态功能区产业结构调整，促进区域发展适宜的、可持续的、地方特色的产业。在我国统筹生态环境和经济发展、重点生态功能区的建设中，大致经历了以下四个阶段。

一、初步探索阶段（1949~1972 年）

新中国成立后，我国进入了国民经济三年恢复时期，这一阶段国家将经济建设的重心主要放在东北、华东和华北的工业基地，使这三个地区所占 GDP 的比重超过了全国的 60%，而在三个地区中的沿海地区发展更为迅速。在第一个五年计划期间，主张工业产业发展的重点区域应由沿海区域向内部地区移动，重点促进内地工业类产业的发展。因此，基于政策规划的有力支持，钢铁、石油、煤炭、化工、机械等产业快速发展起来，许多新的工业部门从无到有，逐渐壮大。但随之而来的生态环境问题也暴露了出来，工业企业生产排放的污染物对河流造成了巨大的污染，废水、废气、固体废弃物的排放与河流生态系统保护之间的矛盾日益凸显。1957年,政府针对"三废"问题出台了相关通知,全国掀起了变废为宝的高潮,促进"三废"的循环利用,然而"三废"循环利用的技术并不成熟,废物利用覆盖率较低,无法达到有效循环利用和保护生态环境的目的(王思博等,2021)。同时,我国针对城市工业废水、生活污水、矿产资源保护、森林保护、水土保持等资源环境保护方面,出台了一系列通知条例,寄希望于利用规章制度对资源和环境进行保护。但受当时经济发展水平的限制以及大多数人民还处于温饱的生活水平之下,人民群众对于吃饱穿暖的需求意识要远远大于对生态环境的保护意识。除此之外,由于宏观环境因素的影响,环保配套设施的建设与实施对生态环境保护工作的作用甚微,仅仅是减缓资源环境的过度消耗,因此无法从根本上解决生态系统服务功能日渐恶化的问题。

二、制度化规范化探索阶段(1973~1991年)

20世纪七八十年代,随着环境公害与自然灾害问题以及能源危机等现象的出现,人们逐渐意识到把经济发展与环境保护分开单独发展是不可取的,只会给地球和人类社会生活带来灾难。基于此,1980年国际自然保护同盟等国际组织针对世界生态环境保护发表了有关"可持续发展"的内容,并于1987年在《我们共同的未来》报告中正式开始使用这一概念,用来描述保护环境、资源与促进经济发展之间相互关联,可持续发展的思想逐步形成。回顾我国生态保护的进程可知,1973年召开首次全国环境保护会议,让社会大众意识到目前中国也存在着较为严重的生态问题,生态现状不容乐观。自此,我国开始推进生态环境保护工作。1978年,第五届人大会议通过了新宪法,明确列出了生态保护工作,为生态环境保护法治建设奠定了坚实的基础,我国生态环境进入了立法保护阶段。1979年9月针对环境保护问题颁布了第一部法律,1981年为了加强环境保护工作力度,国务院在发布的决定中提出了"谁污染、谁治理"的原则。1983年第二次环保大会上将环境保护作为我国基本国策之一,为生态系统管理工作指明了前进道路。在之后的政策制度中,我国实施的"三大环境政策""八项管理规定"等环境保护措施,基本覆盖了环境保护的重点领域,完善了环境管理制度体系,生态保护观念逐步形成(侯鹏等,2021)。

"生态系统管理""可持续发展"等理论概念在国际上提出,将资源可持续运用和生态环境保护联系在一起,推动生态管理方式从单一的环境管理向资源、环境、生态、社会、经济等多方面协调管理转变。在第七个五年计划中提到,要同样重视资源开发利用与生态环境保护,不能只看到目前已经存在的生态问题,还应注意资源的可持续利用,从源头进行管理。在这一阶段,国家对生态的重视程度日益增加,但尚未针对主体功能区的建设进行规划,有关功能区的定位、范畴、内涵等信息并不明确。

三、主体功能区分类调控阶段（1992~2011年）

（一）可持续发展战略的演变

1992年，党的十四大工作报告中明确提出要认真执行环境保护基本国策。1994年国务院发表《中国21世纪人口、环境与发展白皮书》，将可持续发展战略纳入发展规划，我国已步入生态文明可持续发展阶段（吴超，2019）。随后1997年党的十五大报告强调，在全面推进现代化建设的过程中，必须实施可持续发展战略。2000年底《全国生态环境保护纲要》出台，强调生态保护在控制资源环境恶化工作中具有重要地位，要科学地利用自然资源，尊重环境发展规律，形成良性生态循环，推动经济绿色发展。同时，要转变环境保护工作滞后经济发展的思想观念，从原本以行政治理为主，转向法律、经济、技术综合治理，确保在发展中落实环境保护工作。在"十一五"规划中，也提出要保护修复自然生态，从源头上对生态系统进行保护，不断提升生态环境的自我修复能力。

（二）生态补偿机制的探索

在可持续发展战略演变的过程中，随着经济的发展，我国企业在市场中的竞争力有所提升，面对生态保护中存在的问题，人们逐渐意识到科技研发与环境保护立法对开展生态保护工作的重要性，生态保护工作也逐渐从污染治理转向生态补偿，以期通过治理方式的改变来满足建立健全生态资源有偿利用机制的需求。生态补偿在我国最早出现于1990年，国务院针对资源开发过程中的保护问题，制定了"谁开发谁保护、谁破坏谁恢复、谁利用谁补偿"的工作方向和目标。1995年，上海浦东区尝试运用生态补偿对污染企业的排污工作进行管理，对一般企业和重污染企业进行差异化的征收比例，同时针对新设、改建、扩建等项目征收排污费用。随后将生态补偿纳入"十一五"规划中，在生态开发管理中秉持着"谁开发谁保护、谁受益谁补偿"的基本原则，加快了制度的建设与发展。在森林、草原、流域等生态系统中所建设的生态补偿主要依托于财政转移支付，2008年国家环境保护部的成立，进一步加大了国家对生态系统服务建设的财政支持力度，使基于财政转移支付的生态补偿制度日趋完善，如福建省早期在福州、三明、南平三个城市之间的流域建立横向生态补偿制度；在禁牧区对防止草原退化工作突出的给予专项资金奖励；江西鄱阳湖尝试"点鸟奖湖"的创新补偿方式，用激励的方式进行生态保护。

（三）主体功能区的设立

随着城市化的开展，城市开发强度也在同步上升，各地不断扩充城市用地，将大量土地圈成开发区，在此期间，我国主要城市化地区经济发展成效显著，但是城市开发强度也大大超出水平线，例如，深圳、上海，其开发强度都接近半百，而另一些城市在进行城市化、开发新城区的过程中，也普遍存在粗放式开发土地资源的现象。区域开发强度高，意味着在单位范围内人口数量增多，经济规模扩大，导致给生态发展留存的空间减少，生态环境需要承担的压力变大，容易造成生态与经济的失衡。从总体上来看，地域间经济实力差距较大，发展不均衡的问题依旧突出，地区之间的矛盾依然存在，实现地区协调发展的目标仍需更加完善的体系。在此背景下，国家亟须颁布一份适用于各个区域的发展政策，于是，主体功能区战略的实施开始提上日程。

关于主体功能区的构想最早可以追溯到 2002 年，而后，提出将国土开发格局划分成"功能区"的观念，直到 2006 年，国家把全国主体功能区规划纳入"十一五"规划纲要中，率先解释"主体功能区"这一重大的概念内涵，自此，我国主体功能区的思想正式成立。2010 年 12 月，国务院颁布《全国主体功能区规划》，全面解释什么是主体功能区，为什么要规划主体功能区以及如何利用功能区中不同类型的区域更好地贯彻落实科学发展观和实现经济结构战略性调整，并且主体功能区规划逐步形成了"4+3+2"格局①。2010 年《全国主体功能区规划》中总共涵盖了 25 个国家重点生态功能区，涉及 436 个县级行政区规划的出台，标志着中国即将告别唯 GDP 考核的指标体系，逐步形成人口、经济、环境资源相协调的发展格局，同时也意味着我国在未来的发展过程中，对于各个主体功能区的生态文明建设、可持续发展能力等方面的关注将持续加码。

2011 年，"十二五"规划中加大了对功能区的重视程度，将主体功能区的建设上升为国家战略，并推出对各类地区后续流程的绩效评价和衔接协调机制，使主体功能区的体系更加完整、流程更加规范。

四、主体功能区精准施策阶段（2012 年以来）

（一）生态文明建设历程

2012 年，党的十八大明确了五位一体的总体布局，将可持续发展提升到绿色发展的高度，我国生态环境保护进入生态文明建设阶段。面对生态环境不断恶化的趋势，我们必须尊重自然发展规律，顺应生态资源变化趋势，保护自然生态，维持生态系统平衡，积极探索生态与经济共同成长的道路，带领中国迈向人与自然和谐共生的新时代。《中共中央关于全面深化改革若干重大问题的决定》中指出，要建立健全配套制度体系，牢固环境资源红线观念，保护国土空间和自

---

① "4+3+2"格局："4"表示优化开发区、重点开发区、限制开发区、禁止开发区 4 类，"3"表示分成城市化地区、农产品主产区和重点生态功能区，"2"表示分成国家和省级两级进行规划统筹。

然资源，以此加快推进生态文明建设。并且，为确保工作实施的有序进行，"十三五"规划提出，要用最严格的环境保护制度，着力改善环境质量和解决重大环境问题，加大环保的力度以及提高资源利用效率，为人民群众提供更高质量的居住环境，明确功能区的定位，完善政策体系，从而强化主体功能区保护国土空间的作用，推动主体功能区繁荣发展。2016 年国家重点生态功能区新增了 240 个县，使国家重点生态功能区占全国陆地面积的比重又增加了 12 个百分点，从41% 增至 53%，具体分布及数量如图 3-1 所示（刘幼迟，2017）。主体功能区的逐渐完善，优化了国土空间布局和区域产业结构，有效推进了资源节约。从党的十八大到党的十九大期间，我国制定了一系列涉及生态文明建设的改革方案，不断探索具有中国特色的生态文明建设道路。可以说，生态保护观念已经发生了翻天覆地的转变，从征服自然到尊重自然，从经济发展重于环境保护到将环境保护列入基本国策，从单一的行政治理到综合治理，从先发展再保护到在保护中谋求发展，以及主体功能区规划，再到重点生态功能区出台针对产业的负面清单管理等举措，让生态保护融入现代化建设的各个领域，努力构造美丽中国。

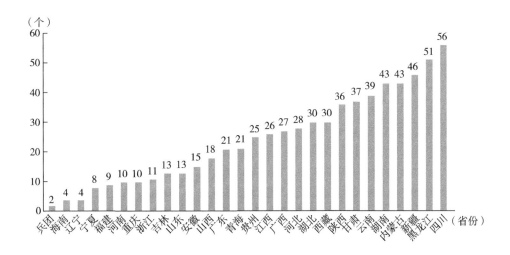

图 3-1　重点生态功能区分布及数量情况

资料来源：笔者根据中国政府网以及中国统计年鉴发布公文整理而来。

（二）负面清单模式的运用

负面清单管理模式在我国最早是运用在外商领域中，这一模式的引入表明我国积极顺应国际投资规则变化，是进行更宽泛更深层次对外开放的重要举措。中国于 2001 年加入 WTO，开启了贸易经济开放的新篇章。在此之前，政府对市场的行政审批一直处于严进宽管的状态，只有被纳入政府审批范围内的领域，产业才能进入当地，这种类似正面清单的管理模式，极大地限制了我国企业的发展。为了适应国际对外贸易发展趋势，负面清单模式在我国悄然兴起，这种管理方式既能释放市场活力，又能让政府"简政放权"，实现政府与市场之间协同发展。2013年，上海自由贸易试验区的建立开启了中国运用负面清单管理模式的进程，以表单的形式明确告知外国投资者不允许进入的领域以及可以进行自由投资的领域（李正宜，2015），这种"非禁即入"的管理模式，创造了更加开放的投资环境，逐渐在我国流行起来，扩散到广泛的社会经济领域中，其中极具代表性的一个领域便是重点生态功能区，生态功能区地域广阔，区域内生态类型多，兼具平衡资源开发与经济发展的重任，对产业发展要求较高，为了保护重点生态功能区的生态功能，维护提供生态产品的能力，因而需要将制度经验灵活地运用到区域生态环境治理之中，对产业的发展及土地的开发进行限制和禁止（肖金成和刘通，2017），而负面清单管理模式作为一种有明确进入标准、行政审批简单的方式，与重点生态功能区的治理理念不谋而合。由此，我国将产业准入负面清单模式作为有效治理重点生态功能区的一种管理方式，开启了生态环境保护的新征程。

2015年7月，国家发改委印发《关于建立国家重点生态功能区产业准入负面清单制度的通知》，我国正式开启了运用负面清单模式对区域产业治理、生态保护进行制度建设，在通知中要求所属四类不同类型的地区，要依据区域特色，有针对性地制定限制类和禁止类相关产业的目录，在遵守生态保护优先的原则上，促进功能区产业经济发展。

2016年10月，国家发改委印发了《重点生态功能区产业准入负面清单编制实施办法》（以下简称《办法》），该《办法》规定了重点生态功能区的总体思路和基本原则，具体编制实施程序、编制规范要求、技术审核要求、管理控制要求等各方面内容，用标准制度规范了产业准入负面清单的制定与实施工作。为了更好地服务于重点生态功能区的建设，奠定产业准入负面清单的开展实施的基础，环保部、财政部也在积极响应，纷纷出台相应规定，明确生态环境质量考核方法与转移支付办法。其中，环保部针对功能区环境政策发布相关意见，对每一类生态功能区分别提出了适宜的环境政策，例如针对重点生态功能区的四种类型制定了具体要求，水土保持型的区域要求水质需要达到Ⅱ类、空气质量需要达到二级，并且在环境政策方面要求严守生态红线，建立环境承载力预警机制，提出在区域内限制"两高一资"产业落地，实行更为严苛的准入制度。有了具体的政策和方法指引，各省市纷纷出台了符合规范产业准入负面清单，初步形成了较为完善的国家生态功能区制度政策体系，规范了生态区域产业准入标准，更好地保护生态产业区域经济发展（邱倩等，2017）。

"十四五"规划明确指出，要坚持主体功能区战略，明确适合区域发展的产业方向，形成优势互补的资源开发与保护新格局，高质量高标准地发展国土空间，发挥区域重大战略，促进区域之间协调发展，加快新型城镇化建设，为我国区域经济发展和产业结构布局提供了根本方向和重要支持（高国力，2021）。主体功能区在"十一五"到"十四五"规划里都设置了专章对其进行介绍，不仅可以看出主体功能区是国家一以贯之的发展战略，还体现出主体功能区纵深推进的发展历程，从推进形成主体功能区到成为国家战略，再到加快建设主体功能区，最后到优化国土空间开发保护格局，逐步完善了"战略－系统－规划"的路径。

第二节　重点生态功能区产业准入负面清单管理的现状特征

识别重点生态功能区产业准入负面清单的现状特征是实现空间管控以及区域治理的重要内容。将重点生态功能区负面清单按照门类、大类、中类、小类等明细分类梳理，让各产业各企业在准入前和准入后能够更直观地认识到自身存在的问题和修改的方向，使企业在获取信息的过程中更便利、更直观、更准确。根据我国各区域的地形地貌可将重点生态功能区分为防风固沙、水源涵养、水土保持、生物多样性四种类型：①水土保持型区域有 128 个县（市、区、旗）。该类型地区由于外部因素引起水土资源和土地生产力受到严重破坏和损失，土壤侵蚀速度和程度呈指数型剧增，水资源污染程度和地下水枯竭呈不可逆转态势，因此，需要进行一系列的预防和治理措施，采取提高植被覆盖率调节水文循环的方式，增强土壤抗侵蚀能力，推行节水灌溉和雨水集蓄利用，实行封山禁牧，恢复退化植被等措施。②水源涵养型区域共涉及 278 个县（市、区、旗）。该类型区域主要分布在河川上游的水源区，用于控制河流源头的水土流失、调节洪水枯水量、改善和净化水质等。因此，推进天然林保护、退耕还林、植树造林是该地区的重点发展方向。③防风固沙型共有 72 个县（市、区、旗）。该类型区域多半分布在干旱、半干旱地区，为了防止沙尘暴等恶劣天气通过物理的、化学等植被技术措施来达到治沙目的，所以这个区域的畜牧业生产方式会带来很大的变化，从先前的放牧到舍饲圈养、以草定畜等形式，严格控制该区域载畜量，同时建立防护林带、封沙育草。④生物多样性型区域共包含 198 个县（市、区、旗）。这些县域生物资源和数量极其丰富多样，会带来遗传的多样性和生态系统的多样性。在这一区域有利于保护动植物多样性，削弱外来物种入侵带来的伤害，实现自然生态系统的良性循环。可见，对于不同类型的重点生态功能区存在巨大的差异，在产业准入负面清单方面应该因地制宜，结合当地情况具体分析。

根据数据的可获得性，本书选取福建、江西、贵州、海南这四个获批国家生态文明试验区的省份以及根据中国自然地理区划，在华北、东北、华东、华中、华南、西南、西北七个板块中选取河北、吉林、浙江、湖南、广西、四川、甘肃七个省份作为研究对象，利用各省份的三产占比、涉及各行业出现的频次等指标，总结归纳其现状特征。考虑到有些省份并未公布重点生态功能区产业准入负面清单，我们在公开渠道无法查找到数据，通过向贵州省发展和改革委员会和自然资源厅索要文件也未得到回应，在扣除贵州第一批产业准入负面清单缺失的9个县级单位和江西、河北两个省份第二批产业准入负面清单缺失的39个县级单位，统计了278个国家重点生态功能区县域作为典型县域（涉及省份和县级单位个数如表3-1所示，具体县级名单见附录一）。

表3-1 产业准入负面清单的省份情况

省份	个数	缺少数据
福建	9	—
江西	9	第二批17个
贵州	16	第一批9个
海南	4	—
河北	6	第二批22个
吉林	10	—
浙江	11	—
湖南	43	—
广西	29	—
四川	57	—
甘肃	36	—

在这278个国家重点生态功能区的产业准入负面清单中，涉及的限制类门类10个，共5771个小类（个别县、市、区中小类数据空白，用中类或大类代替），禁止类产业门类9个，共1713个小类。具体数据如表3-2所示。

表3-2　限制类与禁止类产业构成情况

限制类产业	次数	占比（%）	禁止类产业	次数	占比（%）
C 制造业	2315	40.11	C 制造业	1156	67.48
A 农、林、牧、渔业	2086	36.15	B 采矿业	333	19.44
B 采矿业	670	11.61	A 农、林、牧、渔业	159	9.28
D 电力、热力、燃气及水生产和供应业	312	5.41	D 电力、热力、燃气及水生产和供应业	53	3.09
K 房产行业	194	3.36	M 科学研究和技术服务业	3	0.18
N 水利、环境和公共设施管理业	122	2.11	N 水利、环境和公共设施管理业	3	0.18
E 建筑业	53	0.92	S 公共管理、社会保障和社会组织	3	0.18
R 文化、体育和娱乐业	15	0.26	R 文化、体育和娱乐业	2	0.12
G 交通运输、仓储和邮政业	3	0.05	F 批发和零售业	1	0.06
H 住宿和餐饮业	1	0.02			
总计	5771	100	总计	1713	100

一、在产业结构方面，不同程度地调整优化了产业结构

（一）对涉农产业保持较高的准入门槛

党的十八大以来，国家一直在积极调整现代农业发展导向，将绿色发展纳入农业政策新目标。重点生态功能区作为事关国家生态安全的区域，成为农业绿色发展的先行区，在农业领域践行着"绿水青山就是金山银山"的理念（刘金龙等，2018）。各地列出的产业准入负面清单，对那些产生污染、破坏生态的农业产业进行了不同程度的限制或者禁止；同时鼓励发展绿色生态农业，开展"环境友好型、资源节约型"的农业生产方式。而重点生态功能区大多处于生态脆弱区，生态大农业的发展导向就显得尤为重要。

通过对278个国家重点生态功能区县域的归纳，发现在限制类中排名前十的小类中，关于农、林、牧、渔业的小类总数超过了一半（见图3-2），表明第一产业对于众多县域都至关重要。但由于过去农业政策过多的关注点在于保障农产品的有效供应和稳定农民收入，聚焦在农业环境保护上相对弱化，导致农业生产为了增收过量施肥，农村生产性污水大量增加，畜禽养殖成为农村点源污染、面源污染的重要源头，农村环境形势更加严峻。

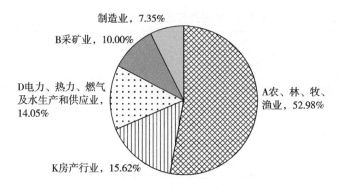

图 3-2 限制类准入产业前十名占比情况

观察限制类产业前十名的具体管控要求（如表 3-3 所示，限制类前十名的具体管控要求见附录二），其中，五个行业都归属于农、林、牧、渔业，不难发现，对于涉农产业的管控要求当中，加强水土流失治理、禁止高毒农药施用、无害化处理设施和污水等字眼出现次数频繁，说明在涉农产业方面大多体现着保护生态，低碳环保的理念。

表 3-3 限制类准入产业前十名具体情况

序号	行业	小类	重复次数
1	K 房产行业	7010 房地产开发经营	189
2	D 电力、热力、燃气及水生产和供应业	4412 水力发电	170
3	A 农、林、牧、渔业	0241 木材采运	139
4	B 采矿业	1019 黏土及其他土砂石开采	121
5	A 农、林、牧、渔业	0170 中药材种植	117
6	A 农、林、牧、渔业	0412 内陆养殖	105
7	A 农、林、牧、渔业	0220 造林和更新	103
8	A 农、林、牧、渔业	0314 羊的饲养	90
9	C 制造业	1351 牲畜屠宰	89
10	A 农、林、牧、渔业	0313 猪的饲养	87

因此，就涉农产业而言，发展绿色生态农业成为现代农业发展的不二之选，农业应由传统的模式向着更加科学、集约、生态的方向转变，在不破坏或

者少破坏环境的基础上进行农业产业链的延伸，从而提高农产品的附加值和经济效应。

（二）对工业的调控力度更为明显

在各主体功能区的规划定位中，重点生态功能区属于限制开发区。限制开发就代表限制大规模高强度的工业化城镇化开发，导致第二产业的发展必然受到约束。从表3-2限制类与禁止类组成情况表中可以看出，归属于第二产业的制造业、采矿业、电力、热力、燃气及水生产和供应业三者比重之和都远远超过了50%。一般而言，工业发展伴随着比农业和服务业更多的污染，特别是在经济发展相对落后的重点生态功能区，经济的发展与环境的污染关系密切。因此，在产业准入的负面清单中对"两高一资"（高污染、高能耗、资源型）产业的准入门槛相对较高。在产业准入的负面清单管理中，对于工业的管控要求，如清洁生产水平、工艺技术与装备水平不得低于国内或者国际先进水平，严格执行行业污染物排放限值规定、现有项目对生态造成破坏的，应在规定时间前完成治理恢复等表述十分常见，这就要求第二产业形成环境友好型的产业结构，逐渐淘汰落后产能，减少一切新建、扩建工业开发区行为的发生，现有的工业开发朝着降低能耗、循环发展的生态工业区方向发展。

在图3-3禁止类准入产业前十名占比情况中，第二产业中的制造业占比71.49%，表明产业准入负面清单的确在一定程度上限制了重点生态功能区相关产业的发展，特别是"两高一资"型的产业。表3-4中对这些前十名禁止类准入产业的具体管控要求都是禁止新建、改扩建，并要求现有企业在规定日期前清理退出，体现出产业准入负面清单对第二产业的调整力度之大，第二产业想要实现经济的长足发展，必须转变思路，摒弃以牺牲环境为代价的工业准入观念。

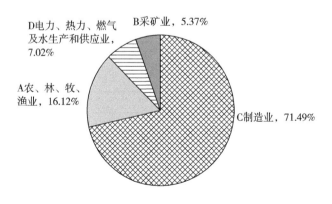

图3-3 禁止类准入产业前十名占比情况

表3-4 禁止类准入产业前十名具体管控要求

序号	行业	小类	重复次数	管控要求
1	C制造业	2211 木竹浆制造	111	禁止新建、改扩建，现有企业在规定日期前清理退出
2	A农、林、牧、渔业	0330 狩猎和捕捉动物	78	禁止新建、扩建。现有工程在规定日期前清理退出
3	C制造业	1910 皮革鞣制加工	48	禁止新建、扩建。现有企业在规定日期前清理退出
4	C制造业	1713 棉印染精加工	45	禁止新建、改扩建。现有企业在规定日期前关闭退出
5	C制造业	1723 毛染整精加工	40	禁止新建，现有工程于规定日期之前关闭
6	C制造业	1931 毛皮鞣制加工	40	禁止新建、改扩建。现有企业在规定日期前关闭退出
7	C制造业	3212 铅锌冶炼	34	禁止新建、改扩建。现有企业在规定日期前关闭退出
8	D电力、热力、燃气及水生产和供应业	4411 火力发电	34	禁止新建、改扩建。现有企业在规定日期前关闭退出
9	C制造业	3150 铁合金冶炼	28	禁止新建、改扩建。现有企业在规定日期前关闭退出
10	B采矿业	0610 烟煤和无烟煤开采洗选	26	禁止新建、改扩建。现有企业在规定日期前关闭退出

按照《国民经济行业分类》的标准，可将门类具体到三次产业的当中，如A农、林、牧、渔业属于第一产业的范围，B采矿业至E建筑业属于第二产业，F批发和零售业至T国际组织以及涉及A、B、C门类的辅助性活动属于第三行业（如表3-5所示），具体的数据如图3-4、图3-5所示。

表3-5 三次产业划分情况

所属产业	门类
第一产业	A农、林、牧、渔业
第二产业	B采矿业
	C制造业
	D电力、热力、燃气及水生产和供应业
	E建筑业

续表

所属产业	门类
第三产业	F 批发和零售业
	G 交通运输、仓储和邮政业
	H 住宿和餐饮业
	I 信息传输、软件和信息技术服务业
	J 金融业
	K 房地产业
	L 租赁和商务服务业
	M 科学研究和技术服务业
	N 水利、环境和公共设施管理业
	O 居民服务、修理和其他服务业
	P 教育
	Q 卫生和社会工作
	R 文化、体育和娱乐业
	S 公共管理、社会保障和社会组织
	T 国际组织

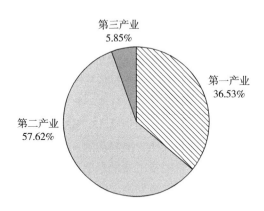

图 3-4　限制类三次产业占比

　　由前文可知，制造业在限制类和禁止类中所占的比例最高，表明制造业是产业准入负面清单的重点调整产业，将面临较大压力。虽然我国是制造大国，但与发达国家制造业水平相比仍有一定距离，究其原因有两个方面：一方面是制造业的劳动生产率低、能耗大、污染环境等问题长期存在；另一方面是重点生态功能

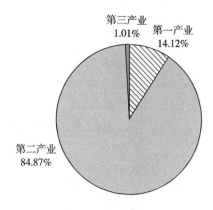

图 3-5　禁止类三次产业占比

区缺乏高新技术和专业人才,创新能力弱、产品低端且附加值不高。要改变这种局面,必须促进产业的转型升级,因而产业准入负面清单对于制造业的管控要求当中,要求企业现有的生产工艺水平必须达到国内先进水平才不需要升级改造的说法普遍存在。

因此,就第二产业而言,面临调整的压力远远大于第一产业和第三产业,更应引导第二产业早日走上绿色低碳发展的道路,实现由资源密集型向科技导向型转变,充分利用资源优势扶持先进制造业发展,积极引入高新技术型企业,实现环境保护与经济发展的同步改善,带动重点生态功能区经济结构转型升级。

（三）对第三产业均保持了更为宽松的准入门槛

从图 3-4 限制类三产占比和图 3-5 禁止类三产占比可以看出,第三产业所占所有小类的比重分别是 5.85% 和 1.01%,与第一产业和第二产业相比差距较大,具体涉及的小类及次数如表 3-6 所示。可以看出,房地产开发经营这一小类在限制类当中出现的次数最多,各地均将其作为限制类的一种,大多和国家对房地产出台的政策相关。与之相对应的是,管控要求通常是禁止在草地、林地等受到保护的区域进行开发、房地产的开发不得超过规划确定的范围、禁止在退耕还林还草区、水源涵养功能较差地区、水土流失严重地区新建、改扩建房地产开发项目。

表 3-6　限制类和禁止类产业涉及第三产业的具体小类情况

限制类产业	出现次数	所属门类
7010 房地产开发经营	189	K 房产行业
7852 游览景区管理	85	N 水利、环境和公共设施管理业
7869 其他游览景区管理	13	N 水利、环境和公共设施管理业

续表

限制类产业	出现次数	所属门类
7861 名胜风景区管理	11	N 水利、环境和公共设施管理业
7862 森林公园管理	11	N 水利、环境和公共设施管理业
8820 体育场馆	9	R 文化、体育和娱乐业
7090 其他房地产业	5	K 房产行业
8830 休闲健身活动	5	R 文化、体育和娱乐业
5513 客运轮渡运输	1	G 交通运输、仓储和邮政业
5631 机场	1	G 交通运输、仓储和邮政业
5919 其他农产品仓储	1	G 交通运输、仓储和邮政业
6120 一般旅馆	1	H 住宿和餐饮业
7723 固体废弃物治理	1	N 水利、环境和公共设施管理业
7724 危险废弃物治理	1	N 水利、环境和公共设施管理业
8890 机动车训练场	1	R 文化、体育和娱乐业
禁止类产业	出现次数	所属门类
5161 煤炭及制品批发	1	F 批发和零售业
7320 工程和技术研究和试验发展	1	M 科学研究和技术服务业
7471 能源矿产地质勘查	1	M 科学研究和技术服务业
7475 地质勘查技术服务	1	M 科学研究和技术服务业
7620 水资源管理	1	N 水利、环境和公共设施管理业
7690 其他水利管理业	1	N 水利、环境和公共设施管理业
7723 固体废弃物治理	1	N 水利、环境和公共设施管理业
8820 体育场馆	1	R 文化、体育和娱乐业
8890 其他体育	1	R 文化、体育和娱乐业

多数县域经济的三次产业结构比大都是二产占比最大、一产和三产较弱。调整县域经济重心向三产偏移，是释放县域经济活力的重要途径。之所以要鼓励第三产业发展，很大程度是因为重点生态功能区第三产业活力不足。而在发达地区通常三产占比最高，成为财政收入的主要来源。第三产业附加值高，发展潜力大，所产生的环境污染也比一产和二产低。而经济发展趋势通常会将一产与三产融合、二产与三产融合、一二三产融合，三产不仅自身实现的经济效益高，还能助推一产和二产的发展。在重点生态功能区限制一产和二产、鼓励三产发展的背景下，产业之间相互融合发展是实现经济发展的主要手段。

现如今，重点生态功能区正处于第三产业比重超过一产、二产的阶段，产业结构的优化升级是县域经济发展的新动力。就第三产业而言，重点生态功能区有其优势，处于发展阶段为经济增速带来显著的变化，也有其劣势，重点生态功能区的服务业存在没有摆脱传统服务业的固有模式。因此，需要对第三产业进行大力调整，积极引进文化创意类，生态旅游类等带有现代特征的服务业，提升服务业对县域经济带来的贡献和效能。

二、在发展理念方面，优先保护生态，弱化经济考评

重点生态功能区设立的初衷是保护和修复生态环境，维持提供生态产品的能力，使全国生态产品的供给得到保障。在这一目标导向下，重点生态功能区的发展理念，始终坚持将提供生态产品放在优先位置，将生态保护的理念贯穿到经济社会发展等各个方面。重点生态功能区面临着生态环境约束，其中的关键在于对"两高一资"产业的限制和禁止准入。

重点生态功能区产业准入负面清单的管控对象是产业，最终目的是生态保护，通过对产业的限制和禁止，把不符合要求的产业拒在门外；辖内原有企业不符合环保要求的按照规定进行整改或者有序地转移淘汰，控制开发上限，守住生态红线，让环境得到保护，生态产品的供应能力得到补偿。

弱化经济指标评价并不代表限制经济发展，重点生态功能区产业准入负面清单的主要问题是处理好经济与环境的协调关系，限制开发活动并不是所有的开发活动都被禁止，不能单单为了保护环境就放弃经济发展的需要。产业准入负面清单的出台是对全国所有重点生态功能区进行产业结构的指导和产业布局的安排，帮助重点生态功能区进行资源的有效利用，在有限的环境承载力的基础上寻求环境保护与经济社会的协调发展。同时，产业准入负面清单也是探索经济发展与环境保护之间关系的一种实践，生态保护优先是绿色低碳经济发展的基础，没有"但存方寸地，留与子孙耕"的思想，何谈"绿水青山就是金山银山"的建设。良好的环境也是最惠普的民生福祉，环境作为公共产品，环境质量好人人受益。反之，环境质量差人人都是受害者，为了防止因为追求经济的发展而导致的"公地悲剧"，更应坚持生态保护的发展理念。重点生态功能区产业准入负面清单坚持生态保护优先的原则，在一定程度上倒逼产业进行结构优化和绿色发展。

三、在准入产业方面，对辖内现有主导产业保持准入态势

目前列入重点生态功能区的多是生态与经济发展的薄弱区，虽然这些地方经济总量小，但依旧面临着经济发展的任务。发展不均衡、区域差异大的问题依然存在，相对贫困的地区不在少数，尤其是重点生态功能区限制"两高一资"产业入内，制约大规模的工业建设，且随着产业准入负面清单的开展，各地的禁入

力度不断加大，造成短期内财政收入下滑，影响了当地经济发展。为了提升重点生态功能区的自我造血能力，对辖内主导产业中的"两高一资"产业依旧保持准入态势，目的是创造收入、稳住经济发展，同时也为现有主导产业提供足够的时间进行提升改造升级。本节特选福建省寿宁县、重庆市城口县、四川省旺苍县和广西壮族自治区德保县四个具有典型示范性的国家重点生态功能区作为案例进行解析。

（一）福建省寿宁县

寿宁县是位于福建省的国家重点生态功能区，也是福建省经济较为落后的县域之一，同时还是福建省重点的山区农业县。茶是当地的主导产业，全县70%的人口从事与茶相关的产业，以茶叶加工为代表的轻工业是该县工业的"常青树"，其他工业则比较羸弱。

黑色金属铸造是寿宁县的主导产业，相对于其他重点生态功能区，该县在出台产业准入负面清单中对黑色金属铸造相关产业的准入门槛相对较低。管控要求为仅限布局在南阳工业园区、际武工业集中区、武曲工业小区、斜滩山田工业小区、三祥科技园、清源日洋铺工业集中区，关于环保设施与清洁生产方面的要求不得低于国内或者国际先进水平，现有的企业环保设施与清洁生产未能达到国内先进水平的工业企业，需在规定的时间之内达到要求。其中处于武曲工业小区的福建联生钢材有限公司，主要提供建筑用钢筋产品销售、五金产品制造、五金产品批发的业务。黑色金属铸造归属于产业准入负面清单的限制类产业，但在据统计的278个国家重点生态功能区县域中，铁合金冶炼、炼铁、炼钢等业务都纳入了禁止类产业（见表3-7），这证明了寿宁县对现有主导产业的要求更低。

表3-7　铁、钢、铝冶炼产业的禁止次数情况

禁止类	禁止次数
3150 铁合金冶炼	28
3110 炼铁	19
3120 炼钢	12
3216 铝冶炼	5
3140 钢压延加工	2
3140 铁合金冶炼	2

（二）重庆市城口县

城口县是位于重庆市的国家重点生态功能区，也是我国五大锰矿基地之一，

具有十分丰富的矿产资源。地方财政收入的70%来自锰矿开采、硅锰合金冶炼等行业。在高峰时期,至少有300家企业进行私自开采和滥采乱伐,经过制定规范化的开采和生产要求,已经关闭大约200家企业。硅锰合金冶炼是高耗能行业,由于规模有限,目前该地区仅保留15个矿热炉。锰矿生产价格下降和税收减少的直接后果就是财政收入降低和地方政府保障能力下降。

锰矿采选作为城口县的现有主导产业之一,不同于大多数的重点生态功能区,该县的产业准入的负面清单将锰矿采选纳入限制类,其管控要求是:新建与锰矿采选相关的项目,其环保设施与清洁生产水平不得低于国内或者国际先进水平,现有相关企业需要在规定时间内完成升级改造。城口县海翔冶金有限公司地处于工业核心区,依托于丰富的锰矿资源,拥有6300KVA电炉一座,从事与锰矿相关的开采、加工、生产等业务,是城口县的重点企业。而在统计的278个国家重点生态功能区县域中,锰矿开采的禁止次数达到了11次。

（三）四川省旺苍县

旺苍县是位于四川省的国家重点生态功能区,辖区煤炭资源丰富,主要金属矿有煤、铁、石灰石、花岗石等。煤炭开采是旺苍县的现有主导产业,管控要求为停止新建此类项目,禁止在煤炭资源规划区外新建开采项目,现有不在煤炭资源规划区的项目采矿权到期后不予续期,看似像禁止类的表述方式,实际上为限制类的企业,比直接禁止新建的要求明显宽松了许多。旺苍县东河煤业集团鑫盛煤业有限公司的主要业务为煤炭开采、销售且营业期限为无固定期限。

煤炭开采的危害众多。主要反映在以下三个方面:一是煤炭开采极易导致土地资源受到破坏,进一步加剧生态环境的恶化,由于煤炭开采大多需要露天的环境,进行剥离排土、地下开挖的操作,会破坏植物资源、影响土地的耕作,从而导致自然环境发生变化。二是煤炭开采需要消耗大量的地下水资源,加剧缺水地区的水资源短缺问题,从煤炭资源分布的情况来看,一方面,富含煤炭资源的地区往往也是缺水地区,随着煤炭的大范围开采和扩张,地下水的水位也在持续下降,导致地下水非常稀缺;另一方面,煤炭被破坏后,大部分地下水资源已经枯竭,只有不到20%的水能够被净化和利用,进一步污染了煤炭开采周围地区的环境。三是煤炭开采造成温室气体排放,危害当地环境。在开采过程中,产生的大气污染通常是指矿井瓦斯和矸石山突然燃烧产生的气体,其中,甲烷是煤炭开采中危害大气最重要的成分,其温室效应是二氧化碳的21倍。

在统计的278个国家重点生态功能区县域中,将煤炭开采行业作为禁止类的共有26个,位居禁止类产业的第10名,而旺苍县的煤炭开采仍属于限制类的范围。

（四）广西壮族自治区德保县

德保县是位于广西壮族自治区的国家重点生态功能区，其所发布的产业准入负面清单中的火力发电属于现有主导产业，放在限制类企业中，管控要求为禁止新建单机容量 35 万千瓦及以下的常规燃煤火电机组项目，未能达到要求的现有企业需要在规定时间前完成升级改造；新建的企业的环保设施及清洁生产水平不得低于国内或者国际的先进水平，现有企业未能达到要求的需要在规定时间前完成升级改造，改造后仍不达标则迅速关停退出。

火力发电对环境有着极大的影响，属于高污染行业，火力发电的过程中产生的二氧化硫、氮氧化物和粉尘对空气的污染极大，其中，二氧化硫、氮氧化物主要是形成酸雨酸雾，使我国很多地区的酸雨量增加，而粉尘对人们的生活和植被的生长造成的不良影响也很大。

在统计的 278 个国家重点生态功能区县域中，将火力发电作为禁止类企业的有 34 个，在禁止类产业排第 9 名，证明德保县对当地主导企业的要求更低。

四、在准入门槛方面，对绿色低碳产业的准入门槛相对较低

重点生态功能区采取的"非禁即入"的负面清单管理模式，但是由于被划入重点生态功能区的土地有限，想要更多符合产业准入负面清单管控要求的企业入驻，就需要"腾笼换鸟"，即排斥有污染高能耗的产业，引入高新技术产业、绿色低碳型产业，从而为高质量发展留出绿色空间。

一方面，重点生态功能区禁止和限制污染型、能耗型企业进入；另一方面，对于辖区现有的污染型、能耗型企业，虽然没有采取强制手段让其直接退出，但有相应的管控要求，如在环保方面受限，污染较小的产业要求清洁标准不低于国内先进水平，未达到要求的现有企业在规定的时间内完成升级改造，污染较大的产业要求在规定时间内有序关停退出。由于"两高一资"企业主要分布在钢铁、水泥、造纸、火电、电镀、印染、制革、有色冶炼、平板玻璃等劣势行业，在产业准入负面清单中主要涉及"两高一资"产业（见表3-8），产业具体管控要求见附录三。

表3-8　产业准入负面清单涉及的"两高一资"产业

门类	大类	中类	小类
C 制造业	黑色金属冶炼和压延加工业	炼钢	炼钢
C 制造业	黑色金属冶炼和压延加工业	钢压延加工	钢压延加工

续表

门类	大类	中类	小类
B 采矿业	黑色金属矿采选	铁矿采选	铁矿采选
C 制造业	非金属矿物制品业	石膏、水泥制品及类似制品制造	水泥制品制造
C 制造业	非金属矿物制品业	水泥、石灰和石膏制造	水泥制造
C 制造业	造纸和纸制品业	纸制品制造	纸和纸板容器制造
C 制造业	造纸和纸制品业	造纸	机制纸及纸板制造
D 电力、热力、燃气及水生产和供应业	电力、热力生产和供应业	电力生产	火力发电
C 制造业	金属制品业	金属表面处理及热处理加工	金属表面处理及热处理加工
C 制造业	纺织业	棉纺织及印染精加工	棉纺纱加工
C 制造业	纺织业	丝绢纺织及印染精加工	缫丝加工
C 制造业	纺织业	棉纺织及印染精加工	棉印染精加工
C 制造业	纺织业	化纤织造及印染精加工	化纤织物染整精加工
C 制造业	纺织业	丝娟纺织及印染精加工	丝印染精加工
C 制造业	皮革、毛皮、羽毛及其制品和制鞋业	皮革鞣制加工	皮革鞣制加工
C 制造业	皮革、毛皮、羽毛及其制品和制鞋业	毛皮鞣制及制品加工	毛皮鞣制加工
C 制造业	有色金属冶炼和压延加工业	常用有色金属冶炼	铝冶炼
C 制造业	有色金属冶炼和压延加工业	常见有色金属冶炼	铅锌冶炼
C 制造业	非金属矿物制品业	玻璃制造	平板玻璃制造

资料来源：笔者根据各地区重点生态功能产业准入负面清单整合而来。

　　相较于"两高一资"产业，对于高新技术产业、绿色产业、新兴产业这类附加值和科技含量高的企业，重点生态功能区都降低了进入门槛，争取吸纳更多绿色低碳产业入内。不仅如此，一些重点生态功能区还对绿色低碳产业给予不同优惠政策，如在产业考核的分类中，对这类企业单独加上加分指标后再进行评价分类，如属于符合德保县主导产业发展方向的战略性新兴产业企业加 10 分、属于有效期内的国家级高新技术企业加 10 分，让其成为或者接近优先发展类和提升发展类，享受当地企业城镇土地使用税的减免征收等优惠政策（见表 3-9、表3-10 所示）。

表3-9 限制类产业重复次数情况

限制类	重复次数	限制类	重复次数
房地产开发经营	154	水力发电	141
木材采运	124	中药材种植	107
黏土及其他土砂石开采	96	造林和更新	77
羊的饲养	76	内陆养殖	76
牲畜饲养	75	牲畜屠宰	74
游览景区管理	70	牛的饲养	68
玉米种植	68	水泥制造	67
中药饮片加工	65	猪的饲养	64
黏土砖瓦及建筑砌块制造	61	建筑装饰用石开采	55
谷物种植	54	豆类、油料和薯类种植	54
家禽饲养	52	豆类种植	51
风力发电	51	薯类种植	49
太阳能发电	48	蔬菜、食用菌及园艺作物种植	46
瓶（罐）装饮用水制造	45	金矿采选	44
鸡的饲养	44	胶合板制造	44
石灰石、石膏开采	42	油料种植	40
肉制品及副产品加工	39	中成药生产	38
蔬菜种植	38	铅锌矿采选	38
白酒制造	37	稻谷种植	35
食用菌种植	35	竹材采运	35
鸭的饲养	33	铁合金冶炼	33
铁矿采选	32	刨花板制造	32
烟煤和无烟煤开采洗选	32	小麦种植	31
纤维板制造	31	木竹材林产品采集	30
柑橘类种植	28	其他农业	26
铜矿采选	23	其他谷物种植	22
软木制品及其他木制品制造	22	烟草种植	22
茶及其他饮料作物种植	20	建筑用石加工	20
其他非金属矿物制品制造	20	其他未列明非金属矿采选	20

资料来源：笔者根据国家重点生态功能区产业准入负面清单相关文件整合而来。

表3-10　禁止类产业重复次数情况

禁止类	重复次数	禁止类	重复次数
木竹浆制造	95	狩猎和捕捉动物	71
非木竹浆制造	37	皮革鞣制加工	36
铅锌冶炼	31	毛皮鞣制加工	30
棉印染精加工	25	铁合金冶炼	25
火力发电	25	水泥制造	22
毛染整精加工	22	化学农药制造	22
烟煤和无烟煤开采洗选	21	焰火、鞭炮产品制造	20

资料来源：笔者根据国家重点生态功能区产业准入负面清单相关文件整合而来。

第三节　重点生态功能区产业准入负面清单管理存在的突出问题

一、产业准入门槛不同程度依赖于既有产业结构

产业准入负面清单对产业的管制要求多以生态环保为主，促进产业结构优化升级，而重点生态功能区在短期内难以将原有的产业模式转换为生态化的发展路径。

在第一产业中，重点生态功能区制度实施之前，当地的农业生产方式多是资源依赖型，"靠山吃山，靠水吃水"的观念深入人心，很难将生态化农业作为发展农业的重头戏。我国长期实施的农业政策聚焦促进农民增产增收、减轻农民生活负担，但在关于农业的产业准入负面清单里明确将稻谷、小麦、玉米等农作物种植纳入限制类小类当中，并对这些农作物种植提出"禁止在大于25度的陡坡地开荒性种植，现有25度以上坡耕地完成退耕还林还草，限制农药化肥施用量"等管制要求。而现实情况是，农作物种植在众多地区属于现有农业主导产业，且在山区25度以上种植了大规模的茶园以及经济作物，严格实施管制要求势必会影响当地的农业发展。产业准入负面清单还将松脂初加工项目、以优质竹为原料的项目以及竹加工项目纳入限制类，重点生态功能区本身就具有众多处于中低端

产业链的初级加工类企业，这些企业要想继续发展，就得朝深加工的方向发展，这对本就经济效益欠佳的初级加工企业而言无疑是压力倍增。此外，农民为了增产增收，施肥过量的情况屡见不鲜，而施肥过量引起的农业面源污染问题又与生态农业的要求发生冲突。

在第二产业中，我国历经改革开放40多年，已经从农业大国变成了名副其实的工业大国，但是工业基础薄弱，冶金、建材、化工、食品加工等传统产业占工业的比重较大。传统产业改变路径依赖还需要一个较长过程，而生态产业发展起步的时间相对较晚，产业规模小、集聚度低、自主创新能力欠缺，技术人才支撑相对薄弱，很难在短时间内成为当地主导产业。在统计的典型重点生态功能区县域里，第二产业的限制类和禁止类所占百分比最大，与第二产业相关的小类更为细化，管控要求也更加严格，如对第二产业中占比最大的制造业提出"清洁生产水平、工艺技术与装备水平不得低于国内先进水平，严格执行行业污染物排放限值规定。现有未达到要求的工业企业，应在规定时间内完成升级改造"的管控要求，而这些处于重点生态功能区的工业企业本身规模不大，经济效益难以达到国内先进水平。此外，负面清单对多数第二产业中涉及高污染高能耗的产业规定了"列入禁止类产业涉及的项目禁止新建、改扩建，对现有企业应提出关闭时限要求"，即不一定要求当年关闭，实际原因是当地对于此类行业的路径依赖大，在短期内无法找到合适的产业进行替代。这种情况很多地区存在，如四川第一批划入重点生态功能区的42个县均对水力发电产业进行管控，这42个县都将水力发电作为限制类产业，其中水力发电是36个县的现有主导产业，而管控要求是禁止新建无下泄生态流量的引水式水力发电项目，现有的这类项目要求在规定的三年年限内完成升级改造或者关停退出。

在第三产业中，重点生态功能区的经济规模与体量相对较小，服务业发展水平较低且相对滞后。在产业准入负面清单中关于第三产业的限制类与禁止类的产业在三次产业中的比重最少，但房地产开发这一小类基本存在于各个行政区的限制类项目内。我国的重点生态功能区在山区分布广，可利用的土地资源稀缺、分布细碎，开发房地产主要来源于林地，但"禁止在林地从事房地产开发项目"的管控要求极大地缩小了地区房地产的发展空间。

二、生态保护与经济发展仍然需要调适与平衡

从负面清单限制的产业以及管控要求当中可以看出，生态保护和经济发展两者是密不可分的。对于重点生态功能区而言，"保护"抑或"开发"，仍然需要调适与平衡。

首先，在划分上，重点生态功能区与贫困地区高度重叠。截至2020年底，

676 个重点生态功能区中有 430 个属于贫困县，大约占据了重点生态功能区县总数的 63.61%，即超过六成的重点生态功能区为贫困县（时卫平等，2019）。对于重点生态功能区，主要看重的是其提供生态产品的能力，在经济发展与生态保护两者之间，更多强调的是生态保护，因而不考核重点生态功能区的生产总值等指标。在保障绿水青山的基础上，培育绿色产业，发展富民高效的绿色 GDP；不考核工业指标，不等于不发展工业，当前重点功能区的建设依旧离不开工业的发展，但发展的工业应是符合环境友好型、资源节约型的生态工业。针对重点功能区制定的负面清单，就是希望淘汰落后产能，引进高新优特的工业（罗成书和周世锋，2017）。

其次，由于实行产业准入负面清单限制或禁止了一系列的开发行为以及产业的发展，在一定程度上对列入重点生态功能区的县（市、区）的经济发展起阻碍作用。因此，中央为了重点生态功能区的生态保护以及弥补处于相对贫困地区的重点生态功能区与其余相对富裕地区之间的差距，设立一般转移支付或专项财政转移支付为其提供资金支持（任世丹，2020）。这种纵向的转移支付模式的确在保护环境方面起了一定的积极影响，但从长期来看，中央的财政资金必定有限，仅靠中央的转移支付，无法解决重点生态功能区的财政支出缺口。此外，在重点生态功能区的环境保护中，中央更加注重的是长期效益，希望当地政府通过自身在管理和发展模式方面创新，在保护环境的前提下发展绿色低碳产业；而各地方政府更加注重短期经济效益，尤其重点生态功能区大多属于经济欠发达地区，经济发展的要求更加紧迫，在做出决策时，往往会忽视环境保护，倾向于经济发展。两者之间的博弈，也使生态保护与经济发展存在潜在冲突。

最后，我国的重点生态功能区的功能定位是维护国家生态安全的重要区域，人与自然和谐相处的示范区，为人们创造清新空气、清洁水源、宜人气候等生态产品①。因而，在产业准入负面清单中限制和禁止对环境存在损害的产业进入，但这些产业可能经济效益高，能促进当地经济的发展；另外，也存在一些经济效益较好并且对环境危害小的产业，但往往受制于经济基础、交通设施等因素制约，使重点生态功能区在引入绿色低碳产业方面存在不小的困难，短期未能将丰富的生态资源以及环境资源优势转化为经济优势，“生态红利”得不到完全释放，“绿水青山”变“金山银山”的能力也受到限制。

三、负面清单管理的相关配套政策还需进一步完善

一方面，专门针对重点生态功能区产业准入负面清单的政策法规还有待进一

---

① 国务院，国务院关于印发全国主体功能区规划的通知. 国发〔2010〕46 号. http：//www.gov.cn/zwgk/2011-06/08/content_1879180.htm.

步健全，个别领域还没有建立起相应的产业准入负面清单专项条例，各部门的相互配合还需进一步协调。重点生态功能区有四种类型，每个类型划分不一、情况不一，需要制定差别化的政策来辅助产业准入负面清单的实施（许光建和魏嘉希，2019）。由于配套的法律法规不健全，管理模式也存在一些问题，影响了重点生态功能区产业准入负面清单工作的实施与效果。以农业发展政策为例，虽然农业发展政策的制定与完善正在和环境保护相联系，但是依旧会与重点生态功能区的方向与要求有所偏差。我国的农业发展政策主要是按农业生产的内容来分类，一般包括种植业、林业、畜牧业和渔业，产业准入负面清单工作的顺利开展需要各部门之间相互协调运转。现实情况通常是产业准入负面清单工作中存在不同程度的多头管理、工作内容有所交叉，缺乏根据重点生态功能区的四大类型来制定的政策。其中，产业准入负面清单对与农业相关的禁止类和限制类产业的规定，难以满足重点生态功能区对绿色农业发展的要求。

另一方面，重点生态功能区实施产业准入负面清单主要是对产业提出管控要求，势必会影响当地的产业结构。因此，产业准入负面清单管理在落实过程中可能会遇到"落地难"的问题，如地方政府对产业准入负面清单的监管难，因技术问题导致对环境监测不到位、因环境质量考核等问题导致的负激励等。因此，产业准入负面清单仍处于实施过程中，需要不断地改进与完善，与之相应的政策也应予以完善。按照《全国主体功能区规划》的要求，这些配套政策包含众多方面，如环境政策、财政政策、土地政策、人口政策、农业政策等十大类（邱倩和江河，2017）。然而，在产业准入负面清单的推进过程中，还需出台相关配套政策（熊玮等，2018）。

四、产业准入负面清单的动态管理存在缺陷

重点生态功能区产业准入负面清单是一项因地制宜、因时制宜的制度创新。各重点生态功能区按照各自不同的功能定位、产业结构、生态资源禀赋、未来主导产业发展方向制定个性化产业准入负面清单。因此，产业准入负面清单是一个动态开放的清单列表，不是一成不变、封闭的清单列表，也不是公布完成就一劳永逸的清单列表。需要紧跟区域环境变化的步调，在可接受风险的范围内进行增删改，保证产业准入负面清单实施的有效性和实效性。

目前，产业准入负面清单制度的动态管理机制仍不健全，需定期对其进行补充完善。对产业准入负面清单的动态调整应在综合研判地区产业结构、生态环保约束的基础上，结合当地实情进行科学有效的调整，不能单靠地方政府的自我约束。防止出现在原有清单上只是进行简单的、避重就轻的删改，对于新加的项目需要着重说明其加入的原因，对其进行环境风险的综合评估，确定这种风险的严

重程度,对于删减的项目也要进行风险检验,确保其由限制和禁止类转变为允许类。想要产业准入负面清单动态管理工作顺利进行,不仅各级政府整体谋划,还必须充分发挥政府、环保组织、科研机构和社会公众在产业准入负面清单动态管理制度建设的积极作用,统筹各方力量,共同推进动态管理。

对产业准入负面清单的动态管理的监督也存在不到位的情况。动态管理的高度依赖于数据的准确性和系统性。想要产业准入负面清单动态管理的效率提高,还需整合各部门的监测数据,如土地遥感数据、环境指标数据等,及时发现在实施过程中出现的问题,现实是由于各类数据极其分散,在涉及环保、土地、水利等部门之间未能就动态管理达成一致,部门与部门之间的利益也存在阻碍,导致数据未能实现共享,加剧了环境监测和动态管理的困难,也阻碍了重点生态功能区产业准入负面清单实施的高效化(刘金龙等,2018)。

五、产业准入负面清单管理在落地中存在现实困境

考核工作的顺利实施往往需要扎实的数据基础做依托。国家重点生态功能区包含 676 个县域,对这 676 个县域进行统筹管理,需要统一标准、上下合力。目前,我国还没有建立起有关负面清单管理模式的基础数据库,对重点生态功能区进行考核的资料都是通过不同的部门、不同的渠道收集和上报。具体体现在以下两个方面:一是指标采集存在难点,自然生态指标和环境状况指标涵盖林地覆盖率草地覆盖率、水域湿地覆盖率、耕地和建设用地比例等内容;二是涉及环保、农业、林业、水利、国土和城建等部门,人民政府一般会让环保局牵头负责数据的整合。但实际上,环保局在工作中很难协调好各部门之间的关系,造成数据填报错误、缺失等问题(钱震等,2012)。而对企业层面的考核也同样存在问题,企业土地为多家国土部门管理,数据难以得到共享。此外,虽然对县域的惩罚措施有效,但是仍存在基层数据核查困难问题,如实施差别化电价,对于小微企业而言,"一户多表""一表多户"的现象十分常见,无法取得真实耗电数据,难以核算企业增加值,影响考核评价的准确性。

企业的退出机制尚需完善。尾部企业能够自愿退出固然是好事,但是不愿意自动退出的企业,采取强制退出的手段会产生很大负面后果。强制关闭的企业享受不到任何政策优惠,还会造成经济损失,员工也因此失去工作岗位,给与之相关的银行造成债务问题,社会负担加重。此外,虽然国家对尾部企业另外有政策扶持,但更多还是在强调责任和义务,对企业和员工的经济赔偿问题涉及不多,使退出工作仍受到多方的阻力。

第四节　重点生态功能区产业准入负面清单管理存在问题的原因解析

一、产业发展的虹吸效应

"虹吸效应"是指一种物理现象，指液态分子受到压力的作用，会由压力大的一边流向压力小的一边（杨洋和朱文仓，2006）。通常用来形容经济学中由于区位优势导致的强大吸附力，使处于区位劣势地区的人才、消费、资源流向优势一方，这种效应对于处于区位优势的一方而言是正效应，对区位劣势一方而言是负效应。

在重点生态功能区中，产业受制于虹吸效应表现得尤为明显。主要体现在三个方面：①重点生态功能区通常既是生态脆弱区，同时也是革命老区、资源富集区与深度贫困区"三区"叠加区域，在基础设施、运输成本等方面有天然的劣势，且多数地处于经济欠发达地区，城市化进程慢，与经济发达地区相比，区位优势弱。一方面，企业更愿意寻找具备人才、科技集聚的地方落户布局，而这些优质要素缺失的重点生态功能区往往被筛掉。另一方面，作为区位的"洼地"，人力资源往往由密度低的地区流向密度高的地区，重点生态功能区的人才也趋向往经济发达地区发展，当地企业面临着人才缺失的风险，往往只能存续一些劳动力廉价的密集型企业，进行产品的初级加工，缺少高新科技的企业，能从产业中获得的红利少之又少。②随着重点生态功能区产业准入负面清单的落地实施，原本存续的高能耗、重污染、资源型企业面临的改造升级压力越来越大，对于以"两高一资"为主导产业的重点生态功能区压力更大。负面清单不仅限制了当地原有企业的发展，对于新进入的企业具有门槛要求，一些属于"两高一资"但是对经济增长有较大贡献的企业难以进入，只能转移到非重点生态功能区发展。③消费难以拉动经济发展，消费作为拉动经济发展"三驾马车"之一，在加剧重点生态功能区虹吸效应上也有一定的影响。在经济较落后地区，生产水平往往更多满足的是当地居民的中低端需求，而虹吸效应使居民去往经济发达的地区满足更高层次的需求，消费的一部分转移也在影响当地经济的发展。

简而言之，重点生态功能区的产业面临更强的环保约束，面临保护生态与经济社会发展的双重任务，在区位竞争、产业引流、要素聚集、消费导入等方面都面临来自周边的虹吸效应，加剧了重点生态功能区产业准入负面清单的实施困境。

二、生态产品价值转化程度不高

相较于其他主体功能区，重点生态功能区的突出优势在于拥有丰富的生态资源。如何立足本地丰富的生态资源，将生态优势转化为经济优势和发展优势是重点生态功能区强化内生发展动力的重要突破口。其中，充分挖掘生态资源中蕴含的产业发展动能，积极推动生态产业化、促进产业生态化是其中的关键一环。全面推进重点生态功能区产业准入的负面清单管理是从制度层面构筑生态产业化、产业生态化的重要尝试，同时也是推动生态产品价值实现、打通"绿水青山"与"金山银山"双向转化通道的重要举措。

目前，重点生态功能区的生态产品价值实现还存在现实困境，主要表现在以下四个方面：一是理论构架还需突破，生态产品的概念内涵还有争议，生态产品评估核算方法与指标体系还缺乏统一规范，导致对生态产品价值的核算和评估尚未取得共识；二是生态产品价值评估缺乏权威第三方机构的认证，导致核算结果尚未获得普遍公认；三是生态产品抵押门槛高、周期长，绿色金融项目少，导致获取资金难，生态产品价值难以盘活；四是缺乏统一的市场交易平台，初始分配制度不完善，导致生态产品交易难。生态产品价值实现的种种困难和障碍，在一定程度上制约了重点生态功能区产业准入的负面清单管理的实施成效。

三、体制机制创新亟待突破

产业准入负面清单管理是重点生态功能区经济社会发展的顶层设计，涉及经济、环保、财税、民生等多个领域。围绕重点生态功能区产业准入负面清单管理进行整体的制度设计是一项长期的系统性工程，也是国家治理体系和治理能力现代化在生态文明建设领域的具象化。然而在制度设计过程中，涉及多个领域的政策制度还存在协调性不足、统筹性不够、落地指导性不细等问题，如对于准入的产业在财税上的具体激励措施如何落地、原有辖内限制类和禁止类产业该如何进行科学考评、如何细化退出标准和机制、如何进行适度补偿等问题，都需要加强政策制度协调性、强化政策制度统筹性。个别地方在推动重点生态功能区产业准入负面清单管理的制度创新性不足，没有根据各地生态环境状况、自然资源禀赋、经济发展状况、环境承载能力、主导产业定位等因地制宜的、有针对性地开展制度创新，强化政策制度的指导性。

四、基础工作支撑存在缺陷

基础数据信息系统不完善不健全造成高昂的政策执行成本，甚至导致政策无法完全落地，是重点生态功能区产业准入负面清单距离预期效果仍有差距的重要原因。理论上，虽然有众多专家学者对县域生态环境质量考核工作、退出机制等问题展开了研究，但是对一些关键问题的解决还未达成共识，例如，各地区对于产业的退出机制还没有建立统一体系，对相应指标的监测评估体系和指标核算方法的研究滞后于实践探索。实践上，产业准入负面清单管理涉及县域生态环境质量考核工作、退出机制等系统性的工程，需要足够的基础工作支撑给予保障。在对产业准入负面清单进行县域和产业的考核时，需要运用多种监测手段，例如，卫星遥感、环境监测、统计调查等，加之对于环境和产业的考核具有复杂性和综合性，想要得出客观公正的结果，更需要夯实县域和产业相关考核的基础工作支撑，从而达到产业准入负面清单管理的预期效果。

本章小结

　　本章对重点生态功能区产业准入负面清单管理的演变历程、现状特征、突出问题及存在问题的原因进行了四个方面的归纳和总结。

　　首先，从重点生态功能区产业准入负面清单管理的历程演变来看，中华人民共和国成立以来，国家重点生态功能区产业准入负面清单管理大体上经历了非理性战略探索（1949~1972 年）、制度化规范化探索（1973~1991 年）、主体功能区分类调控（1992~2011 年）和主体功能区精准施策（2012 年以来）四个阶段。总体上，重点生态功能区产业准入负面清单管理逐渐由无清单管理向正面清单管理，再向负面清单管理的转向，体现出政府调控由总体管控向分类精准调控演变的过程。

　　其次，为构建更加完善的负面清单管理模式，本章系统分析了重点生态功能区产业准入负面清单管理的现状特征，主要体现在四个方面：在产业发展方面，重点生态功能区产业准入负面清单管理不同程度地调整优化了当地的产业结构；在发展理念方面，重点生态功能区产业准入负面清单管理体现了优先生态保护，弱化经济指标评价的发展理念；在产业准入方面，重点生态功能区产业准入负面清单管理对辖内现有主导产业保持准入态势；在准入门槛方面，相较于"两高一资"产业，重点生态功能区产业准入负面清单管理对绿色低碳产业的准入门槛相对较低。

　　再次，重点生态功能区产业准入的负面清单管理在实施过程中显现出了一些问题，如产业准入门槛不同程度依赖于既有产业结构、生态保护与经济发展仍然需要调适与平衡、负面清单管理的相关配套政策还需进一步完善、产业准入负面清单的动态管理存在缺陷、产业准入负面清单管理在落地中存在现实困境等。

最后，本章分析了重点生态功能区产业准入负面清单管理存在问题的原因，主要有以下四点：一是产业发展存在虹吸效应，重点生态功能区往往处于区位劣势，有利于经济社会发展的资金、人才、科技等要素容易被优势地区虹吸；二是生态产品价值转化程度不高，在一定程度上制约了重点生态功能区产业准入的负面清单管理的实施成效；三是体制机制创新亟待突破，政策制度在协调性、统筹性、落地指导性等方面还需进一步加强，提高政策制度的精准性；四是基础工作支撑存在缺陷，造成高昂的政策执行成本，亟须加强对重点生态功能区产业准入负面清单管理的技术数据支撑。

第四章 重点生态功能区产业准入
负面清单管理的运行机制

第一节 重点生态功能区产业准入
负面清单管理模式的理念框架

一、产业准入负面清单管理模式的理念

（一）"绿水青山就是金山银山"

重点生态功能区实行的产业准入负面清单管理模式是深化生态环境监管模式的重要改革，在推动重点生态功能区域发展时，生产者并不以破坏生态环境、掠夺生态资源为代价换取经济增长。产业准入负面清单管理模式意味着重点生态功能区的发展不可能是"一刀切"的，不可以只保护不发展，那么如何管控产业准入门槛是发展的关键。同时，还要特别关注对重点生态功能区内既有企业对照产业准入门槛实施动态管理。不少学者开展了深入研究，揭示了"绿水青山"与"金山银山"之间的对立统一关系。保护"绿水青山"是为了更好地实现"金山银山"，重点生态功能区的"绿水青山"具有三种不同价值：一是通过发展带来经济增长价值；二是通过保存和保护给当地居民带来生态环境价值；三是作为维持生计的生存资料价值。

第一种经济增长价值。该价值是从开发者视角而言，在传统唯 GDP 论的政绩观下，经济增长和地区发展是衡量地方官员政绩的核心标准。因此，党的十八大之前，部分地区以牺牲环境为代价来促进经济增长成为一条重要路径。在部分地方政府看来，辖内"绿水青山"（森林、矿产、自然风光等资源）是"待价而沽"的"市场商品"，可以通过开发利用（砍伐森林、过度开采、探矿采矿等行

为）的"物化"方式来实现地区经济增长。因此，一些地区曾经陷入"先污染，再治理"的环境污染和经济发展的老路。

第二种生态环境价值。该价值是从国家生态安全视域而言，《国务院关于编制全国主体功能区规划的意见》划定了国家重点生态功能区，并将其定位于我国生态系统全面构建的屏障。然而，在"发展不经济，经济不发展"的传统固有发展观念下，很难有效衡量"绿水青山"带来的生态价值，容易出现"一刀切""全面禁止""宁杀三千不放一个"现象，放缓了将"绿水青山"兑现为"金山银山"的步伐。在此背景下，一些地区宁要"绿水青山"不要"金山银山"，成为区域发展的两难抉择。

第三种生存资料价值。该价值是从当地居民赖以维持的生计而言，这是无论如何都不能被忽视和剥夺的价值。重点生态功能区多为生态资源富集区、欠发达地区与"老少边穷"地区，"绿水青山"承载了当地居民基本的生存条件和生活环境。无论是将经济价值兑现为"金山银山"，还是保存与保护生态环境价值，无不包含对区域居民生存利益之保障。

每个价值都对应着不同的利益主体和关系，每个主体和每段关系之间存在一定的相互矛盾。从全新视角把以上三种价值协调统一起来，提出了"既要金山银山又要绿水青山""绿水青山就是金山银山"。重点生态功能区是我国面积最大、覆盖最广、最为典型的生态脆弱区，包含部分经济欠发达地区，在该区域实施产业准入的负面清单管理模式，不仅可以保护当地的生态环境，还能提高居民经济，有力促进生态产品价值转化。因此，市场准入负面清单管理模式作为重点生态功能区高质量发展重要制度创新，理应遵循"绿水青山就是金山银山"的发展理念，始终兼顾绿色发展、科学发展的绿色价值观。

（二）"正外部性"替代"负外部性"

自外部性概念提出以来，其定义就众说纷纭。其中最为主要的观点是美国著名经济学家萨缪尔森（P. A. Samuelson）提出的"生产或消费对其他团体强征其不可补偿的成本或给予其无需补偿的收益的情形被称为外部性"。无论何种观点，其本质上都是一种成本外溢现象，某种产品的生产者和消费者并不承担这种商品产生的有益或者有害作用，而是由其他相关者承担后果，体现了主体间的多元利益交叉性和所需承担成本的不均衡性（肖红叶等，2021）。外部性有正负两种情况之分（鲁照旺，2019）：正外部性是指某一经济主体从事生产经营活动使另一主体受益又无法向其收取费用的现象（刘华和杜金梅，2004）；而负外部性是指某一经济主体从事生产经营活动使另一主体利益受损却没有向其提供相应补偿的现象（肖红叶等，2021）。

在环境外部性问题中，企业给当地环境带来的影响可能是有益的也可能是有害的。例如，由于基础设施的不完善欠发达的重点生态功能区域，特色产业存在滞销和无法运出去等问题，当地通过发展电商企业推动基础设施建设，包括通信网络、交通物流、支付系统等。提高了该地区互联网覆盖率，促进了产品保鲜技术和物流运输体系的构建，完善了地区支付结算体系，金融安全得到维护。这对当地居民而言，在没有付费的情况下就享受了基础设施提高带来的福利和便利。相对应地，如果电商企业在包装运输环节大量使用塑料包装材料并未对其进行回收降塑处理，那么就容易给当地环境造成白色污染，这就是企业发展表现的负外部性。

在重点生态功能区实施产业准入负面清单管理模式，通过放大准入企业给地区发展带来正外部性，尽力遏制进入企业和原有企业对当地生态环境带来的负外部性。产业准入负面清单管理模式作为明晰产权的一种方式，将进入重点生态功能区的企业分为禁止类和限制类，禁止类企业对生态环境带来的负外部性是毁灭性的，如果不对其进行禁止，该类型企业的行为将会打破原有的生态平衡，导致生态环境系统日益退化和萎缩。例如，对采矿企业的限制，矿山开采容易破坏地下储水结构，导致地下水位下降，地表径流枯竭，同时废石、废渣、矿坑水等污染物造成严重的水质污染。同时，矿山的开采最为明显的损害是植被受到大面积的破坏，导致水土流失现象的发生；化学物品的使用促使土壤酸碱性失衡、重金属和有毒有害物质严重超标，严重危害生态环境和当地居民的身心健康。此外，采矿企业开采矿山所需要付出的成本不仅需要当代人承担，同时还转嫁给子孙后代承担，这种也称为代际负外部性。代际负外部性结果可能有一定滞后性，但其产生的后果给我们子孙后代的影响却是无穷的。

在重点生态功能区实施产业准入负面清单，对遏制生态环境被人为破坏、加强生态系统保护的法律约束有积极作用，要严格把握进入重点生态功能区内企业的行为活动，降低企业生产经营活动导致的负外部性影响。对于重点生态功能区内原有的高污染高环境风险企业，一方面需要逐渐弱化企业带来的负外部性行为，另一方面需要制定相关的行政管制措施和法律政策，防止负外部性影响不可控，如对污染企业罚款、增收污染税等。重点生态功能区的定位是保护和修复生态环境、提供生态产品服务，包括水土流失和荒漠化得到有效控制、草原面积和植被得到修复、森林覆盖率不断提高、动植物物种得到恢复和增强。可见，功能区的生态资源产权明晰是市场交易的关键。只有明确划分产权，才能精确核算生态资源的价值。对超额消耗资源、破坏生态系统健康的行为征收费用，向牺牲个人利益、付出劳动的个人和群体支付和奖励费用，促进人们保护和修复生态环境。

（三）"市场创造"取代"政府补偿"

从重点生态功能区产出的"生态产品"属性来看是一种公共物品。就广义而言，生态产品是指维系生命系统、保障生态调节功能、提供良好生活环境的自然要素（曾贤刚等，2014），其具备公共产品的两种基本属性，即非竞争性和非排他性。重点生态功能区供给的"生态产品"无法被限定在某一个或几个固定区域内，也无法排除其他区域共享，因而从性质上而言是一种纯公共物品。政府不仅是公共物品的供给主体，也是公共物品供给的责任主体。政府为各类公共物品提供制度保障，有效的制度规则是明确各使用主体权利和义务的关键所在。又因为公共物品的提供涉及每个社会主体（个人）的切身利益，即便是政府是责任主体，也离不开全社会的共同参与。因此，重点生态功能区的重要职责就是提供充足的生态产品。

重点生态功能区含有部分生态系统脆弱区和生态富集区，其产出的"生态产品"于国家而言是有益的。因此，从这一角度来看，对重点生态功能区的财政转移支付是其一种补偿模式。唯有对重点生态功能区适度的生态补偿方能确保其持续地、稳定地提供生态产品，而充分补偿的前提是资金充足到位。然而，中央政府的补偿毕竟是有限的，而实践中较低的补偿标准又难以从经济上保障重点生态功能区充足的生态产品供应。因此，除政府有限的生态补偿外，还需要从政策上鼓励保障重点生态功能区利用生态优势，将生态优势转化为发展优势，提高自身的内生动力，为当地企业的发展创造机会、开拓新市场，这也是解决政府补偿不足之最有效、最直接的方式。重点生态功能区实施的产业准入负面清单管理模式，其目的正是在于兼顾生态保护与经济发展，用"市场创造"取代"政府补偿"，打通绿水青山与金山银山的双向转化通道。

二、产业准入负面清单管理模式的编制

2010年国务院发布第一批国家重点生态功能区436个县区名单，2016年新增240个县区为国家重点生态功能区第二批名单。2016年10月颁布的《重点生态功能区产业准入负面清单编制实施办法》，规定重点生态功能区的总体思路、基本原则以及具体编制实施程序、编制规范要求、技术审核要求、管理控制要求等，让产业准入负面清单的编制工作变得制度化、规范化、标准化。就具体清单编制而言，首先，以"县市制定、省级统筹、国家衔接、对外公布"为准则，实现各层级无缝衔接、层层压实责任的目标；其次，在产业准入负面清单编制工作发布之后，由各省级政府指引各县（区）级部门根据本地区的生态资源、现有产业、地区要素禀赋先行拟定各县域负面清单明细，同时修订审核负面清单细则；最后，将审核通过的产业准入负面清单具体细则发布，并按时监督各县

（区）对负面清单管理模式的落实执行情况①。

对于重点生态功能区产业准入负面清单制定的管理，除需要在制定环节进行严格把关之外，还需要引进领先的技术力量和先进的管理方法，结合各地区不同的生态环境资源、人口空间结构、产业特色、实际发展现状等情况因地制宜地制定符合地方特色的负面清单管理。此外，对于负面清单的管理，需要不断完善和推进相关制度措施和准则模式的构建，包括区域环境影响评价体系、环境监督管理制度、行政处罚规范、信息公示制度、信息共享制度、社会信用体系和激励惩戒机制等。这是保障重点生态功能区产业准入负面清单管理模式有效运行的措施，有助于全面落实各项制度常态化举措，不断巩固各区域负面清单执行成果，营造公平交易和平等竞争的产业市场环境，为各重点生态功能区的经济发展提供有力保障。

负面清单的编制涵盖本行政区现有产业和拟发展产业，但是对于需要国家规划布局的产业，例如，涉及核电、航天航空、跨流域调水领域以及明确划入各行政区限制类产业和禁止类产业的依据，在《产业结构调整指导目录》（以下简称《指导目录》）等国家和省市制定的相关政策中已明确将限制类和禁止类产业作为底线，更加严格地提出当地产业中需要进行限制和禁止的产业，如将一些在政策中为允许类的产业纳入限制类或者禁止类的范围。其中，主要列入产业准入负面清单限制类产业有《指导目录》中的限制类产业和重点生态功能区的功能定位、发展方向等不相符，而原先是限制类、允许类、鼓励类的产业。列入清单禁止类产业有《指导目录》中淘汰类产业和重点生态功能区的功能定位、发展方向等不相符并且不具备区域资源禀赋条件，而原先是限制类或者允许类的产业。产业准入负面清单的制定要求严守生态红线，严格遵守国家和地方性的法律法规，所涉及的产业规模、清洁要求等管控要求，都需要与所处重点生态功能区的类型、定位、开发管制要求相适应，不得随意更改，其中与《指导目录》中淘汰类要求一致的产业在产业准入负面清单内不加以赘述。

产业准入负面清单主要分为限制类和禁止类两种，限制类产业是指新建、改扩建的项目在区域、规模、工艺技术、清洁生产水平等方面必须满足准入条件才能进入，对现有但是不符合条件的产业要求其进行改造升级或者关停并转，禁止类发展产业是指在规模的扩充等方面严守生态红线，禁止新增建设，在存量上要

① 我国着手在重点生态功能区实行产业准入负面清单［EB/OL］．http：//www.gov.cn/xinwen/2016−10/21/content_5122710.htm.

求在规定的时间内淘汰和退出①。进而对限制类和禁止类产业分成七个部分，分别是门类、大类、中类、小类、产业存在状况、管控要求和备注。门类、大类、中类和小类这四个部分以《国民经济行业分类》为依据，产业存在状况分为现有一般产业、现有主导产业、规划发展产业三类，针对每个小类的产业提出相应的管控要求，再以《产业结构调整指导目录》中的分类进行备注，其中很多产业由允许类、鼓励类变成重点生态功能区的限制类，说明各行政区实行的产业准入负面清单对产业的限制较为严格。

三、产业准入负面清单管理模式的框架

本部分主要以重点生态功能区在国土空间开发中的首要任务为基础，结合当前产业管理模式，从准入门槛、动态管理、退出机制三个方面对该区域的产业准入负面清单管理模式框架进行设计。产业负面清单的准入门槛是指由政府在市场经济中为了公共环境利益和群体利益设定的一种指标评定方法，通常情况下与市场主体属性密切相关，因而能够既实现生态功能区划目标，又能够实现地区绿色经济的发展。动态管理是指企业在进入重点生态功能区后，其日常生产经营活动除需要根据外部市场环境做出适时调整外，还应遵循功能区内对环境保护指标和污染物排放量指标的规定，并定期参与考核评定工作。退出机制以功能区内环境生态指标为主要衡量标准，统筹考虑经济指标、社会指标等综合因素，之后由相关部门对区域企业情况进行专项评估检查，对于不符合标准的企业执行退出程序。由此可见，产业准入负面清单管理模式的设计从"准入-管理-退出"环环相扣，每环的实施效果最大化都是对下一环节的最大保障。按照现有的政策设计和试点情况，重点生态功能区产业准入负面清单管理架构如图4-1所示。

（一）严控准入门槛

2009年，环保部和财政部开启县域生态环境质量考核工作。历时多年，逐步确定一套国家、省级、县级分工明确的体系，形成"县级自报自查、省级审查把关、国家审核评价、专家现场核查"的操作模式（罗毅和陈斌，2014）。县域生态环境质量评价既是衡量生态功能建设的关键指标，又是用来检验负面清单管理模式成效的门槛指标。

通过县域生态环境质量评价得出的考核报告，制定与产业准入相适应的准入门槛，环境质量考核结果处于优和良区间的县域可以放低进入产业准入的门槛、

---

①　吉林省发展和改革委员会．关于印发吉林省国家重点生态功能区产业准入负面清单（试行版）的通知［EB/OL］．http：//jldrc.jl.gov.cn/fzgz/hgjj/fzgh/201607/t20160728_5212698.html.

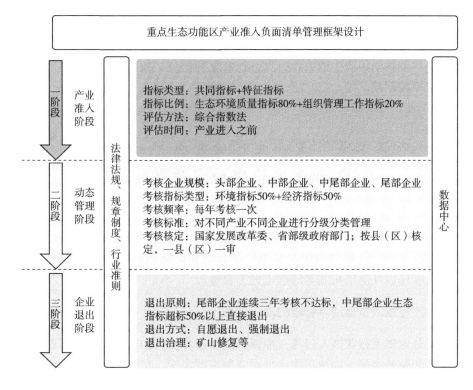

图 4-1　重点生态功能区产业准入负面清单管理框架

考核结果处于一般和较差区间的县域严格实行产业准入负面清单的管控要求、考核结果为差的县域提高产业准入的门槛。

　　从指标类型分类方面设定了共同评价指标和特征评价指标，分别从自然生态指标和环境状况指标详细各自范围的二级指标体系和各自占比，运用综合指数评估方法对进入重点生态功能区的产业进行评估，有效的准入门槛机制为生态功能区内产业动态管理奠定了基础。

　　（二）实施动态管理

　　产业准入负面清单奉行"法无禁止皆自由"的理念，但并非意味着进入重点生态功能区后所有一切行为皆可为，应紧紧抓实重点生态功能区生态为主、保护优先的发展策略。因此，产业准入负面清单的管理模式在实施过程中应该进行动态监管，对所有进入企业按照规模大小分为头部、中部、中尾部、尾部，对不同等级不同类型的企业分级分类管理，设定环境考核指标和经济考核指标，对所有进入企业实行一年一考核的频率，并对考核结果进行排名，实行末位淘汰制。

（三）制定退出机制

即便是尾部企业在需要进行末位淘汰时，除需要进行退出登记以外，还需要对其在生产经营期间产生的破坏行为进行修复和归位，如出现直接逃走的情况将会受到法律的制裁。

第二节　重点生态功能区产业准入
负面清单管理的实施策略

只停留在如何制定产业准入负面清单的表面是远远不够的，还应清楚地认识到：产业准入负面清单的制定只是第一步，制定之后该如何解决企业的准入门槛、动态管理以及退出机制等问题也尤为重要。

一、产业准入负面清单管理的准入门槛

为更好地规范行业准入门槛，加强重点生态功能区的管理模式，不断提升功能区管理和服务水平，加快功能区负面清单有效实施，在评价指标设计时，有些地区以定量化的自然生态指标和环境状态指标为主要评价标准，以确保评价结果的客观性。通过对重点生态功能区水土保持、水源涵养、防风固沙和生物多样性四种类型的生态环境进行考核分析，根据不同分值获取各类型功能区生态环境差异性，对于较好生态环境的区域可以适当放宽产业准入门槛，让更多的企业进入重点生态功能区县域；而对于生态环境考核指标较低的区域，应设置更加严格的准入门槛，严格控制准入企业的质量。同时，在产业准入环节，不仅对县域生态环境进行考核，也对不同县域的政府工作进行考核，其结果意味着重点生态功能区政府的执行能力高低。

（一）考核方式

重点生态功能区生态环境保护成效的评估方法有很多，可以单独从定性指标角度分析，也可以定量指标为主。本书以定性分析与定量分析两者相结合的方式进行考核，对不同类型区域实行差别化考察，在定性分析的基础上，对指标数据进一步量化分析其内在相关性。

（二）考核体系

重点生态功能区产业准入门槛的高低主要通过重点生态功能区生态环境质量和政府部门工作能力两部分组成。首先，通过考核重点生态功能区生态环境质量考核指标（80%）了解县域生态系统强健程度；其次，考察政府对环保的组织管

理能力（20%），了解政府对环境的管控能力；最后，将从两个方面综合分析县域负面清单准入条件，秉承"生态好、监管好放宽准入门槛，生态差、监管差提高准入门槛"的规则。

县域生态环境质量评价采取定性与定量有效结合的方式，实行差别化的考核体系。重点生态功能区主要分为四种类型，考虑到不同地区的差异性，县域生态环境质量考核评价体系根据四种类型功能区分为共同指标和特征指标。其中，共同指标分为两级，一级是自然生态指标和环境状况指标。自然生态指标主要包括林地覆盖率、草地覆盖率、水域湿地覆盖率、耕地和建设用地比例；环境状况指标主要有 SO_2 排放强度、COD 排放强度、固体废弃物排放强度、污染源排放达标率、Ⅲ类或优于Ⅲ类水质达标率、优良以上空气质量达标率。特征指标主要是指四种类型功能区各不相同的区域特色考核指标。如水源涵养区的特征指标是水源涵养指数；生物丰富度指数是生物多样性的特征指标。政府组织管理能力考核指标由县（市、区）政府重视程度、转移支付资金使用情况、数据考核三个因素组成，具体指标体系如表4-1所示。

表4-1 县域生态环境质量考核评估指标体系

指标类型	一级指标	二级指标
共同指标	自然生态指标	林地覆盖率
		草地覆盖率
		水域湿地覆盖率
		耕地和建设用地比例
	环境状况指标	SO_2 排放强度
		COD 排放强度
		固体废弃物排放强度
		污染源排放达标率
		Ⅲ类或优于Ⅲ类水质达标率
		优良以上空气质量达标率
特征指标	水源涵养类型	水源涵养指数
	生物多样性维护类型	生物丰度指数
	防风固沙类型	植被覆盖指数
		未利用地比例
	水土保持类型	坡度大于 15 度耕地面积比
		未利用地比例

资料来源：笔者根据《湖南省国家重点生态功能区县域生态环境质量考核评估暂行办法》整合而来。

（三）考核方法

（1）对生态功能区县域生态环境质量采用综合指数法进行考核。将各指标数据通过一定的规则无量纲化，区别出每个指标的相对重要性并对其赋予一定的权重，最后通过综合评价模型计算得出相关数值。以 EI 表示县域生态环境质量状况，计算公式为：

EI = WecoEIeco+WenvEIenv

其中：EIeco 表示自然生态指标值，Weco 表示自然生态指标权重，EIenv 表示环境状况指标值，Wenv 表示环境状况指标权重。EIeco、EIenv 分别由各自的二级指标加权获得。

自然生态指标值：$EIeco = \sum W_i \times X_i$

环境状况指标值：$EIenv = \sum W_i \times X_i$

其中：W_i 表示二级指标权重；X_i 表示二级指标标准化后的值。

（2）对重点生态功能区县域政府组织管理能力考核则根据县域生态环境质量状态动态质量进行评价。评价政府工作组织管理能力以 EM 值为准，通过政府部门工作中的重视程度与组织效果、报送数据情况、报送数据分项情况等指标综合评价得出。

以 ΔEI 表示县域生态环境质量状况变化情况，计算公式：ΔEI = EI 评价考核年－EI 基准年（EI≤45 为脆弱，45<EI<60 为一般，EI≥60 为良好）

EM 值是由重视程度与组织效果、报送数据情况、报送数据分项情况综合评价得出，EM<60 为差，60≤EM≤85 为中等，EM>85 为好。

通过对综合指数法计算而出的 EI 与 EM 结果对应相应的区间进行评分，其中生态环境状况改善情况占 80%、组织管理工作占 20%，具体评分要点如表 4-2 所示。

表 4-2　重点生态功能区县域政府组织管理能力考核评分

考核内容	考核项目	考核评分要点	评分
生态环境状况（80%）	生态环境质量	生态环境质量考核 EI≥70（基准为 70 分），根据计算的 ΔEI 值相应增减 0~10 分	N/A
		生态环境质量考核 60≤EI<70（基准为 60 分），根据计算的 ΔEI 值相应增减 0~10 分	N/A
		生态环境质量考核 EI<45（基准为 50 分），根据计算的 ΔEI 值相应增减 0~10 分	N/A

续表

考核内容	考核项目	考核评分要点	评分
组织管理（20%）	县市区政府重视程度（5分）	是否有对考核工作成立专门的领导小组；是否有安排考核专项经费；年度任务完成情况；是否发生生态环境破坏及污染情况	N/A
	转移支付资金使用情况（5分）	是否制定资金使用办法和年度资金使用计划；用于生态环保的转移支付资金比例是否合理；典型生态保护和污染治理工程是否按时完成	N/A
	数据考核（10分）	环境监测能力建设情况；基本监测任务开展情况；监测数据和监测报告质量情况；数据与自查报告报送情况	N/A
合计		N/A	

资料来源：笔者根据《湖南省国家重点生态功能区县域生态环境质量考核评估暂行办法》整合而来。

（四）考核结果

（1）生态环境质量考核综合评价指数值将以±1为生态环境质量变化与否的标准，总体上分为三个等级"良好"（1≤ΔEI），以+1逐渐增加意味着生态环境越来越好；"基本稳定"（−1<ΔEI<1）；"脆弱"（ΔEI≤−1），以−1为准数值逐渐变小代表生态环境质量越来越差（见表4-3）。

表4-3　生态环境质量变化等级

	变化等级	生态环境质量变化（ΔEI）阈值
变好	轻微变好	1≤ΔEI≤2
	一般变好	2<ΔEI<4
	明显变好	ΔEI≥4
基本稳定	—	−1<ΔEI<1
变差	轻微变差	−2≤ΔEI≤−1
	一般变差	−4<ΔEI<−2
	明显变差	ΔEI≤−4

（2）重点生态功能区县域政府工作总体情况可以分为五个等级，分别是EM≥85为"优秀"；70≤EM<85为"良好"；60≤EM<70为"一般"；50≤EM<60为"较差"；50<EM为"差"（见表4-4）。

重点生态功能区中属于"生态富集和生态脆弱叠加"的区域，在负面清单限制类产业准入时，应该适当加强其进入门槛，严格要求准入企业做好环境保护

表4-4　国家重点生态功能区县域政府组织管理能力评估标准

级别	优秀	良好	一般	较差	差
分数	≥85	70~85	60~70	50~60	<50

续表

级别	优秀	良好	一般	较差	差
说明	县域政府组织管理有力，资金使用合理有效，生态环境质量良好	县域政府组织管理能力较好，资金使用合理，生态环境质量有所改善	县域政府组织管理能力一般，资金使用基本合理，生态环境质量基本不变	县域政府组织管理能力一般，资金使用不明确，生态环境质量有所下降	县域政府组织管理不力，资金使用不合理，生态环境质量变差

资料来源：笔者根据《湖南省国家重点生态功能区县域生态环境质量考核评估暂行办法》整合而来。

工作；如果该地区的政府工作考核标准在"一般"以下，更应该从源头上严控准入企业的类型，并且应该制定产业准入负面清单管理监督机制，督促政府加强对区域内企业的动态考核。一种情况是在生态环境质量指标"脆弱"的县域，当政府工作考核评分较高时，说明当地政府对生态修复工作的积极性和责任心，在严格按照准入负面清单标准进入后，政府会对进入企业进行后期有序管理。另一种情况是在"良好"的生态环境质量指标县域，当地政府工作综合考核指标为"较差"，也需要对负面清单的准入门槛严加把控，在源头上避免不合规企业的进入；如果政府工作考核指标为"优秀"，那么可以适当对进入企业适当放宽要求，让更多的产业进入该区域，加快当地经济的发展速度。

二、产业准入负面清单管理的动态管理

对重点生态功能区内的既有产业进行动态管理，必须根据企业的环境保护指标和经济发展指标适时进行调整，从而助推产业高质量发展。重点生态功能区产业准入在经过第一阶段的管控后，在第二阶段该如何动态管理成为产业负面清单执行效果的重要环节。在这个阶段，制定环境保护和经济发展这两方面指标对功能区内企业进行动态管理。对企业进行主动监控，提前分析各类指标，将管理结果控制在生态环境可承受范围之内。

（一）实行定期考核

定期考核是对区域管理的重要控制手段，是一种主动的、事前的行为，可以有效避免不利结果的发生。自产业进入重点生态功能区起，应该建立严格的动态考核机制，对每个企业污染物排放标准进行定期的收集，为生态环境的保护和修复提供重要支撑。根据企业污染物定期考核数据进行修复方案比选工作，对于会影响当前生态修复工作的项目或者企业进行变更管理工作，同时严格设计变更管理制度确保生态环境保护和修复工作的定期完成。

（二）动态管理方案设计

在重点生态功能区环境保护指标设置上，进入重点生态功能区的产业中，保护和修复生态环境的产业受政策支持的力度更大。首先，应明确规定污染物排放

上限，加强环境监测，及时发现不合规的生产行为，例如，过量的工业二氧化硫排放量、工业烟尘排放量、工业废水排放量等。其次，建立环境风险报警系统，对生态功能区域内的企业进行分级分类管理，设定污染物排放红线，对不同级别的企业其排放标准也有所区别。如工业二氧化硫排放量、工业烟尘排放量、工业废水排放量严重型企业设定相对应的风险防控门槛。最后，针对容易导致环境风险的爆炸性物品的制造及使用，明确具体的防控措施，将环境风险降低至零风险。

本书将进入重点生态功能区的企业按照规模大小、营业收入水平分为头部企业、中部企业、尾部企业，每种企业又分为三个等级，头部企业Ⅰ型、头部企业Ⅱ型、头部企业Ⅲ型；中部企业Ⅰ型、中部企业Ⅱ型、中部企业Ⅲ型；尾部企业Ⅰ型、尾部企业Ⅱ型、尾部企业Ⅲ型。对于头部企业的污染物排放当量和尾部企业污染物排放当量区别管理。

在重点生态功能区经济发展指标的设置上，采取分类考核的方式，按照亩均税收、亩均工业增加值、研发投入占主营业务收入占比、单位能耗工业增加值、全员劳动生产率等指标，按权重计分评价，结合环境指标将企业评为头部企业、中部企业、尾部企业三类。同时，在重点生态功能区动态考核体系中还设置信息公开考核指标，主要包括企业生态环境信息公开率、生态工业信息平台完善程度（见表4-5、表4-6）。

表4-5 产业管理考核评分

分类	指标	单位	标准值	指标值	是否达标	考核总分
环境保护指标（50%）	单位工业增加值工业二氧化碳排放量年均削减率	%				
	单位工业增加值工业烟尘排放量	吨/万元				
	单位工业增加值废水排放量	吨/万元				
	工业固体废弃物（含危险废物）处置利用率	%				
	污水集中处理设备	—	具备			
经济发展指标（30%）	亩均税收	万元/亩				
	亩均工业增加值	万元/亩				
	研究投入占主营业务收入占比	%				
	全员劳动生产率	%				
信息公开指标（20%）	企业生态环境信息公开率	%	100			
	生态工业信息平台完善程度	%	100			

资料来源：笔者根据国家重点生态功能区产业准入负面清单管理相关文件整合而来。

表4-6 重点生态功能区考核类别

类别	含义	子类别	标准
头部企业	环境效益好和经济贡献大的企业	头部企业Ⅰ型	总得分位列全县前5%（含）的企业
		头部企业Ⅱ型	总得分位列全县5%~10%（含）的企业
		头部企业Ⅲ型	总得分位列全县10%~20%（含）的企业
中部企业	环境效益相对较好，但经济贡献有待提升的企业	中部企业Ⅰ型	总得分位列全县20%~35%（含）的企业
		中部企业Ⅱ型	总得分位列全县35%~50%（含）的企业
		中部企业Ⅲ型	总得分位列全县50%~70%（含）的企业
尾部企业	环境效益和经济贡献落后，需重点整治的企业	尾部企业Ⅰ型	总得分位列全县70%~85%（含）的企业
		尾部企业Ⅱ型	总得分位列全县85%~95%（含）的企业
		尾部企业Ⅲ型	总得分全县后5%（含）的企业

资料来源：笔者根据国家重点生态功能区产业准入负面清单管理相关文件整合而来。

（三）动态管理考核结果和运用

由相关部门定期组织对重点生态功能区内的企业进行动态考核，考核实行百分制，根据打分细则对完成情况进行考核评分。同时，功能区内的产业管理考核指标也是考核各县域领导干部政绩的重要内容，考核结果也将会纳入各单位政绩考核评价体系中。考核结果分为四个等级，分别为"优秀"（考核得分≥85分）、"良好"（70分≤考核得分<85分）、"一般"（60分≤考核得分<70分）、"较差"（考核得分<60分）。根据县域考核评分，对不同类型的企业实施差别化优惠政策，如土地使用税退税政策、银行信贷优先政策、水电价优化政策等。

对于评分靠前的头部企业，县域政府可以根据相关政策，给予适当的补助，减轻企业在生产过程中因过度注重生态环境指标而额外增加的成本压力。对头部企业奖补50%的城镇土地使用税，财政政策、银行授信和金融机构信贷向其适当倾斜，优先保障水电、新增用能和用地需求等；对中部企业奖补30%的城镇土地使用税，在水电、用能、用地、融资方面给予适当支持；对中尾部企业不奖补城镇土地使用税，相应控制用电需求和控制信贷支持；对尾部企业不予奖补城镇土地使用税，实行差别化电价，当用电价格提高0.5元/千瓦时，实行差别化水价，用水价格提高0.5元/立方米，在信贷方面不予支持，如果尾部企业在下一年度绩效评价中提升至中尾部企业及以上的，在电价和水价方面按照上一年度收取的适当比例给予奖励。

此外，重点生态功能区内考核优秀的企业给予一定激励措施，鼓励优秀企业再接再厉，实现全面绿色经济的发展。对于每年用于生态环境保护工作的专项资金，奖励发放标准将严格以功能区内企业动态管理考核指标为准。同时，也对相关工作单位和个人给予先进工作者的表彰，极大地推动了重点生态功能区主要任务的完成。

三、产业准入负面清单管理的有序退出

随着重点生态功能区实施产业准入负面清单管理模式的不断完善，配套政策、制度措施、标准体系的健全，对于不合规、考核不达标的企业将根据产业负面清单退出机制执行。这不仅有利于制定前瞻性的对策措施，切实防控进入企业的生态系统风险，还有利于改善现有行业的高质量发展，实现重点生态功能区在国土空间开发过程中生态功能作用。根据生态功能区内产业管理考核情况，对环境保护指标、经济发展指标、信息公开指标均处于落后状态的尾部企业实行退出处理，即实行"末位淘汰制"，这也是激励其他企业优化自身条件的方式。

（一）明确的企业退出方案和标准

环境效益和经济贡献都处于落后状态的尾部企业是重点生态功能区产业升级的主要障碍，可以建立一套专门的考评制度加快其退出重点生态功能区。尾部企业的退出，意味着鼓励环境效益和经济贡献好的企业发展，两者并行不悖。此外，尾部企业的退出不是一蹴而就的，对于尾部企业的考核评价需要循序渐进，把握好退出的节奏，不能为了退出而退出，不能单凭一年的考核结果认定退出。可以制定三年的考核期：对于第一年处于尾部企业区间的企业，政府部门进行约谈，第二年处于尾部企业区间的企业，政府进行黄牌警告，第三年仍是尾部企业区间的企业，开始对其实施退出机制。

加大环境评价力度。对环境不达标的企业，要求其制订减排计划，减少污染物排放总量，依旧达不到减排要求的企业，让其在规定时间内进行整改或者移出重点生态功能区，保证生态绿色产业发展符合重点生态功能区环境保护的第一优先级。

对连续三年考评为尾部企业实施退出机制。尾部企业的退出一般分为两种：自愿退出和强制退出。对于自愿退出的企业，按照评估机构评估的资产净值赔偿一定比例的资助以及按照国家政策要求给予必要的经济补偿，帮助企业解决人员安置和债务负担等困境。对于强制退出的企业，应采取以下三项措施：一是实行递减性补贴政策，关停的时间越晚，得到的补贴越少，超过时间期限还需进行处罚（牛桂敏，2009）；二是增加尾部企业的生产成本，将尾部企业生产经营中的环境代价、退出成本计入生产成本中，迫使企业出局；三是采取强制措施，对尾部企业进行关停并转，通过对尾部企业停止发放生产许可证、停水停电、吊销工商营业执照等方式倒逼其尽快退出。

（二）制定完备的企业退出处理预案

目前对于重点生态功能区产业的退出机制尚未形成较为完善的体系，面对已经给生态环境造成严重污染的企业到底如何实行退出、退出后是否有后续生态环境恢复工作、相关法律政策措施是否能有效保障等问题，是重点生态功能区产业退出政策制定的关键点。因此，本书就如何制定产业在重点生态功能区的退出机制提出两点相关建议。首先，根据生态功能区产业管理考核得分，可以将县域内所有企业进行分类排序，对连续三年考核评分均排在后5%的企业实行强制退出处理，并要求其就毁坏的生态环境进行修复（见表4-7）。其次，对于退出后的修复工作则根据不同产业特色因地制宜地设定，如采矿业对矿山的开采工作会带来大面积的植被破坏情况，甚至造成当地的水土流失，即使已经对矿产企业强制实行了退出处理，但是其带来的水土流失问题等不仅无法自行修复，还可能会给当地居民带来身体危害，其修复工作甚至会持续到下一代人。可见，重点生态功能区产业退出机制是实施负面清单管理模式的最后一环，也是极为重要的部分。

表4-7 重点生态功能区不同规模企业退出机制

分类	退出机制
尾部企业	（1）连续三年考核评分均<5%，进行强制退出处理； （2）连续两年考核评分<5%，进行红牌警告； （3）第一年考核评分<5%，由政府部门进行约谈； （4）如果造成恶劣社会影响或者对已发生的环境敏感问题不重视，导致事件恶化，引发群体性事件，那么执行强制退出处理； （5）被市级以上新闻媒体曝光的环境污染事件并被纪检监察机关调查问责的，执行强制退出处理
中部以上企业	（1）如果造成恶劣社会影响或者对已发生的环境敏感问题不重视，导致事件恶化，引发群体性事件，那么执行强制退出处理； （2）被市级以上新闻媒体曝光的环境污染事件并被纪检监察机关调查问责的，执行强制退出处理； （3）连续两年考核评分降低到后30%的企业，由政府部门进行约谈

资料来源：笔者根据国家重点生态功能区产业准入负面清单管理相关文件整合而来。

（三）加强风险预警制度的主导作用

重点生态功能区在大部分地区属于贫困山区，产业的进入在一定程度上可以有效提高当地经济的提高，解决当地居民就业问题及实现地区脱贫等作用。产业退出机制的执行并非企业的唯一选择，在企业被强制退出之前，生态部门就有责任对危险企业进行监督，加强企业的风险意识，构建有效的预警机制，降低被强制退出的风险。尾部企业的退出更加强调成本最小化和风险处置长效机制，要减少对公共资源的过度依赖，要积极探索适合尾部企业发展的方向，全面发挥风险预警制度的主导作用，实现多部门、多方面一体化联合预警，最大限度地整合风险预警机制的优势。此外，政府相关部门对出示预警红牌警告的企业应加大考核频率和监督巡回力度，助力企业恢复绿色生产，这也是政府部门政绩考核评价的重要指标。

（四）加强早期纠错和审慎监管协调配合

在重点生态功能区退出制度里，如果某些企业对社会造成恶劣影响则将会被强制执行退出。一方面，早期纠错行为和监督管理行为并非只是针对尾部企业的措施，无论是头部企业、中部企业还是尾部企业，在其生产经营中都可能会出现各种问题，例如，短期的排放超标问题、未采购废水废气集中处理设备、少量民生问题等，这些都是企业发展中的潜在环境风险。那么，在企业早期出现该类问题时，应及时进行纠错，并在企业内部建立监督部门，将早期问题内化成企业发展优势，避免在外部考核时出现排倒数的情况。另一方面，当企业在早期出现问题后及时纠正并配合有效地监督管理，杜绝此类问题再次发生，可以看出该企业具有强大的自我改正和修复能力，在重点生态功能区定期动态管理考核时也将会排名靠前，有效帮助企业争取到更多的激励措施和各项政策优惠。

第三节　重点生态功能区产业准入负面清单管理的溢出效应和反馈机制

一、产业准入负面清单管理模式的溢出效应

根据《重点生态功能区产业准入负面清单编制实施办法》（以下简称《实施办法》）虽然重点生态功能区的首要任务是生态环境的保护和修复，但负面清单并未限制所有企业进入生态功能区，对环境污染低、危害少的企业重点生态功能区是鼓励其进入的。重点生态功能区倡导的是绿色经济，考核指标并不唯GDP论，而是以绿色GDP为考核指标。准入产业的价值是在保护环境的同时还能发展经济，体现了"绿水青山""金山银山"两者之间源源不断的价值转化，这也体现了企业发展带来的正外部性。《实施办法》作为一种公共物品具有较强的正外部性，而制定该政策的动因溢出至与之相关的方面，如保护生态环境、提高基础设施建设、助力返贫振兴、解决人口就业、提升科技水平、发展特色产业等，

不断推动重点生态功能区各相关领域的发展。同时，法律和制度的有效统一，降低了制度实施成本和向外溢出的成本，全面实现了制度多渠道、全方位的融合效应（如图4-2所示）。

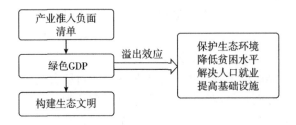

图4-2　重点生态功能区产业准入负面清单管理模式溢出效应演绎

产业准入负面清单的全面落实，为重点生态功能区的建设提供了众多社会福利。在基础设施建设方面，随着进入重点生态功能区产业数量和类型的增加，传统基础设备条件已无法满足庞大的市场需求，如县域道路交通、水利工程、电力保障、网络设施等方面，产业的进入为地区基础设施的逐步完善和优化带来了新的希望，为实现功能区发展提供了基础保障。在人口就业方面，产业准入负面清单鼓励符合条件的企业进入重点生态功能区，同时也因地制宜地利用资源撬动产业发展，给当地居民增加新的就业机会。此外，社会保障体系的日趋完善也提高了当地群众的生活热情，实现企业和人民双赢的局面。在发展特色产业方面，每种不同类型的重点生态功能区都有着丰富的地方特色资源，如何将这些资源转化成“金山银山”成为准入产业最应探索的问题，培育生态旅游、特色农业等地理标识产物，坚持“引进来”与“走出去”双向发展，推动更多优质产品向区域外销售，吸引更多优质企业进入区域。产业准入负面清单管理模式的有效实施最大限度地发挥生态环境质量带来的正向溢出效应。

在重点生态功能区实施产业准入负面清单管理模式的意义远不止于此。如国家出台《中央对地方重点生态功能区转移支付办法》《关于加强国家重点生态功能区环境保护和管理的意见》等，对重点生态功能区的各项政策倾斜，充分体现了重点生态功能区环境保护的重要性，也为区域经济发展带来新机遇。自提出重点生态功能区空间属性以来，其产业准入质量得到极大的提高，绿色生产方式不断完善，生态环境的保护和修复不仅受益于当地人民，更受益于整个生态片区、上下游产业的和谐绿色发展。同类型重点生态功能区内相邻各县应紧密合作，实施生态环境质量的联防联控，在减少资源和资本重复消耗的同时，也防止其他地区生态环境治理的“搭便车”行为。此外，重点生态功能区的产业动态管理考核不仅设置了企业的考核标准，也有关于政府部门对企业监督管理情况的考核标准，并且纳入政府政绩指标。因此，在政府的支持和金融机构的助力下，产业绿色健康发展，不断提高生态功能区人民的思想道德教育和专业技能水平，促进了先进生产技术的掌握程度，从而形成了重点生态功能区产业负面清单管理的绿色发展的长效机制。

二、负面清单管理模式溢出效应的反馈机制

重点生态功能区产业准入负面清单管理带来的溢出效应，以提高生态环境质量为基础的前提下，既提高功能区经济水平，又增强当地民众的幸福感，同时是助力家乡建设的内生动力，最终形成"产业准入负面清单—生态环境保护—绿色产出—溢出相关领域—提高内生动力—高绿色产出—生态文明"的良性发展模式。具体而言，重点生态功能区实施产业准入负面清单管理模式以绿色 GDP 增长为目标，这一目标是建立在保护和修复生态环境的基础之上实现绿色产出，绿色产品需要"走出去"就需要一系列配套措施的支撑和保障，当重点生态功能区产生正向溢出效应时，激发了地方政府和群众的内生动力，为做好县域发展带来生机和活力，从而产出更多高质量的绿色产品，最终构建新时代生态文明体系。可见，溢出效应所带来的绿色生产内生动力的强化，同时不断强化的内生动力又反作用于高质量绿色产出，对构建生态文明县域提供强大的助力，间接地强化了重点生态功能区产业准入负面清单管理的执行效果（见图 4-3）。因此，具体可从政策支持、市场主体水平、公众认知三个方面探索反馈机制的路径。

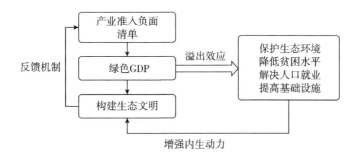

图 4-3　产业准入负面清单管理模式溢出效应的反馈机制

（一）政府制度措施的支持

党的十八届三中全会提出建立系统完整的生态文明制度体系，以实现人与自然和谐共生为目标，坚持不懈地探索实现可持续发展。坚持和完善生态文明体系建设是推进绿色发展的可靠保障，为此，党中央发布严格的生态环境保护制度，用最严格的制度和最严密的法治保证生态环境的顺利完成（秦书生和王曦晨，2021）。严格的生态环境保护制度需要从源头、过程、结果三方面施策：①加强源头预防作用：一方面控制高污染、高能耗产业进入重点生态功能区，严把环境准入关口，宁可降低 GDP 水平也绝不引进破坏生态环境的产业，明确制定《各县域产业准入负面清单》制度，保障进入企业的相对绿色性；另一方面控制准入企业各类污染物的排放指标和排放当量，出台的《生态保护红线制度》明确了各排放物标准值，加快引入污染物集中处理装置，实现污染物的可控制和可量化，为生态环境保护筑起一道高墙。②强化过程严管控制，对于可能存在的固定污染物，明确制定固定污染物监管体系，《生态环境监测方案》的出台是监管工作实施的有力保障，并且加强对监管的执法权力；此外，加快健全排污许可证制度，做到功能区内全面监管，不遗漏任何一家企业任何一项指标。③强化结果处理制度，生态环境考核结果是否达标直接影响着企业的生产生存条件，《生态文明建设考核办法》的颁布让监管更加有意义，对于危害生态环境的行为，要实施严格的惩治措施，坚持"谁污染谁治理""谁开发谁保护"的原则。完善生态环境损害赔偿制度，加快实现对公共物品的确权制度，明确关联方的义务和权利，超出权利范围损害他人利益的行为应按照赔偿制度给予一定的赔偿，避免因此引发的"公地悲剧"。

由此可见，生态文明体系的构建拥有强大的法律制度体系保障，同时这些制度保障又为重点生态功能区的目标实现奠定基础，产业负面清单管理制度是生态文明发展的必然产物。

（二）市场主体水平的提升

生态文明建设的理念是尊重自然、顺应自然、保护自然，走可持续发展和绿色发展的新道路，为实现后人"乘凉"而努力奋斗。在发展中，不应简单粗暴地将所有第二产业的重工业企业关停，而应如何帮助"三高"企业实现绿色生产；不仅应增加第二产业的生产总值，还应加快扩大第一、第三产业的生产总值；不应以牺牲环境为代价，来保证地区经济水平的快速发展。首先，根据第一、第二产业差异化特征制定适应其发展的考核标准，取消唯 GDP 论的考核指标，加入更多的生态环境指标，强化对生态环境的保护和对民生健康的保障。其次，加快科学技术在第一、第二产业的应用广度和深度，构建生产、销售、配送等一体化监管体系，提高资源的有效利用情况，助推企业节能减排，推动企业自主研发水平，共建产学研深度融合"生态圈"，利用高新技术推动"三高"企业的转型升级，促进科技成果在各行各业的成功转化。再次，生态功能区的构建就是因地制宜地利用当地特色资源推动地方发展。如重点生态功能区水源涵养区域内，森林覆盖率较高、拥有较为丰富的水资源和含氧量，具备优异的生态环境质量，可利用当地自然环境禀赋发展旅游产业、康养产业等服务业，采取市场化手段，推动景区景点的高质量发展。最后，打造智能生态园区试点建设，制定严格的园区准入门槛和管理制度措施，淘汰污染严重产能落后的企业，构建环境友好型的生态工业园。而重点生态功能区构建实施的产业准入负面清单管理与生态园区的构建有异曲同工之妙，都是通过一体化控制和管理引导企业绿色生产。

因此，生态文明建设不断优化市场主体的生产服务水平，也不断完善市场基础设施建设，构建了更加安全健康的运行环境。从产业类型角度优化了重点生态功能区的企业类型，助推产业准入负面清单管理制度的高效性、长效性。

（三）公众认知水平的提升

生态环境重点保护区多为农村地区，肩负着生态保护的重要职责。农村本身经济基础较为薄弱、产业多以第一、第二产业为主、道路交通不便、人民受教育水平偏低、思想相对落后、权利意识淡薄。这在一定程度上阻碍了绿色生态环境改革进程，影响生态环境建设的最终成效。具体主要表现在以下三方面：①政府各部门在保护和治理环境时各自为政、各行其是，缺乏有效的协调沟通，导致生态环境建设成本剧增、资源重复浪费严重，既不利于生态环境治理的统筹规划，也不利于各部门间信息的交换和共享，难以对生态环境的系统风险作出预警。②产业主体对各项生态环境政策措施理解不够深入，未能意识到企业所产生的污染物对生态环境危害的严重性，盲目地追求经济利益的增长而不惜破坏生态环境为代价。③人民群众对生态环境带来的危害的理解尚浅，无法对破坏环境的行为进行明确的区分和有效地阻止，因此出现了为了追求短期收益而变卖生态资源的情况。生态文明建设就是树立各行各业的人民群众爱护环境的意识，让公众客观地认识到保护生态环境就是保护我们赖以生存的地球。不断加强爱护环境、保护环境的宣传教育，提高公众的科学性认知，让公众不仅能够主动爱护生态环境，而且对于危害环境的行为能够进行全面监督。重点生态功能区产业准入负面清单的制定相当于不断提高公众的认知水平，尽管负面清单的管理制度会导致部分产业的淘汰和农村失业率的增加，但政府对地区教育培训的加强可以促进失业人员进行再就业教育培训，提高专业技术能力以便适应更高水平的其他产业的就业。

综上所述，公众认知水平的提高对于实现重点生态功能区国土空间目标来说是至关重要的。明确了解重点生态功能区的战略意义，增加公众在生态文明建设中的使命感和责任感，实现由"要监管"到"主动变"的转变，利用生态资源环境创造绿色 GDP，从而实现"既要绿水青山又要金山银山"的终极目标。

第四节　典型模式分析

一、崇义县：推进资源依托型产业向绿色产业转型的样板

（一）高污染高排放产业导致生态环境受损严重

崇义县以"地上有山、地下有矿"而闻名。在崇义县发展历史上，依靠丰富的林木、矿产资源，通过"靠山吃山、靠水吃水"的依赖性发展，经济发展得到缓解，但是"砍山卖树""挖矿卖钱"方式留下了很多生态环境问题。

改革开放后，钨矿开采进入高速发展时期，1985年突破1500吨，此后更是快速增长，2004年达历史最高峰7000吨。由于长期过度开采，造成水土流失、污染严重、废弃矿山多，对生态环境影响巨大。据统计，崇义县累计开采钨精矿17.32万吨，钨资源已逼近枯竭，当地环境已不再是郁郁葱葱的森林，而是"千疮百孔"的裸露的红土地，水土流失给当地居民的生产生活带来严重影响，矿山开采带来的生态环境破坏需要一代又一代的深耕才得以修复。

自20世纪90年代以来，崇义县加大农村水电建设投入，小水电投资小、周期短、见效快，解决了无电缺电地方人口用电，促进了农村经济社会发展，为农民脱贫致富作出重大贡献。但是，小水电开发无秩序、规划不合理、监管不到位等问题对生态环境质量产生严重的负面影响。例如，部分小水电在规划开发时并没有想到生态下泄流量，导致坝后一段河道河床裸露，脱水断流；同时生物多样性物种受到严重危害，鱼类通往合适产卵环境的道路被阻碍，导致水体自净能力减弱。

（二）产业负面清单管理实现"三产融合"发展新模式

随着重点生态功能区空间定位战略的发布。崇义县作为第一批重点生态功能区县域，背负着生态环境质量保护的重要任务。面对历史遗留的严重的环境质量问题，如何实现"既要绿水青山又要金山银山"成为地区发展亟须探讨的问题。《崇义县产业准入负面清单管理模式》给"两山"理论转化带来了新思路、新机遇。

首先，崇义县政府制定一系列与产业准入相关的门槛措施，筛选出更符合生态环境建设的企业进入，从源头上保障进入企业生产的生态安全性。例如，不断提高矿产资源开发准入门槛和使用效率，将土地、矿产、生态环境计入发展成本。其次，对于崇义县原有企业和新进入县区的企业，加强制定配套的考核机制，构建矿产资源管理共同责任机制，强力推进矿产资源整合。再次，成立了崇义县保护章江水源协调领导小组，加强章江水源的保护和建设；增建废水处理池、废水沉淀池和废水循环池；加大监管力度，推动水土流失综合治理进程；对环保设施不完善、废水排放部分指标不达标的企业实行限期整改。最后，对于不符合生态环境的企业实行严格的退出机制，崇义县矿山总数从 2000 年的 100 多个减少到 2011 年的几十个，关停不合格、不合规的小水电站，并制定了严格的监督管理措施，以保障关停的企业合规后重启。

基于此，崇义县立足县情特点，探索出了一条契合发展实际的融合模式，这就是"一产突出管理提升、品质种植；二产在一产基础上进行精深加工，提高产品创新研发能力；三产以品牌打造为出发点，促进多形式旅游产业融合，打响特色品牌，卖出高附加值产品，做旺全域旅游"的三产融合新路子。崇义县在夯实农业的基础之上，通过培育龙头企业、发展品质种植、推进精深加工等多种形式，以二产带动一产提高生态农产品的附加值，做优做强农产品。促使一产三产融合发展，实现"卖产品"向"卖风景""卖文化""卖体验"的蝶变；推进二产三产的融合，深度融合发展工业旅游模式，串联起"齐云山""君子谷""钨矿产业"等资源，将可视化生产、体验式制作、工业观光旅游融为一体，提高游客的参与性与体验性。大力推进第三产业内部大融合，改变过去"旅游单打独斗"的发展方式，结合县内文化、康养、体育等重点第三产业布局，将优质的文化、康养、体育等资源与旅游产业发展互通共享，实现倍增效应。辅之以科技创新助力、政策制度支持，让崇义县实现了"绿水青山就是金山银山"的目标，成为生态文明建设示范县和实践创新基地，成功通过生态产业奔向幸福小康。

二、荔波县：打通优质生态资源向生态产业转化的典范

（一）拥有丰富多彩的自然资源和特色的民族文化

位于贵州省最南端中亚热带季风湿润气候区的荔波县，拥有茂密的原生植被和多种珍稀树种；同时，荔波县是典型的喀斯特地貌，保存着全世界最完美的喀斯特原生森林风光。森林覆盖率高达 71.04%，拥有极其丰富的自然资源和矿产资源。荔波县定居的少数民族众多，具备浓郁的民族风情和深厚的红色文化底蕴。荔波县凭借集山、水、洞、林、湖、瀑、石于一体的原始自然景观，成功列入国家首批创建全域旅游示范区，荣获国家生态示范区荣誉称号。

（二）利用生态资源和民族文化创造新发展模式

随着重点生态功能区第二批新增名单的出台，荔波县作为水土保持类型被赋予了新的生态环境战略目标。只保护不发展并非生态环境的目的，而且脱贫攻坚战的必然胜利也意味着探索出适合荔波县发展的新模式十分重要。首先，荔波县作为重点生态功能区，在实施产业准入负面清单的管理模式时，从源头上杜绝高污染高能耗高排放产业进入，发展以服务业、旅游业为主的第三产业，通过出台《黔南州重点招商推介项目》明确地区优先准入行业类型，体现了从源头上控制污染物排放指标和排放当量的措施。其次，对于准入荔波县的产业，明确了具体经营方向，完善了环境问题举报奖励方法、促进旅游产业发展的奖励扶持办法等各项规章制度，在管理过程中对重点生态功能区内的企业进行动态有效管理，实现功能区内企业的可持续性发展。

三、肃南裕固族自治县：实现生态保护与生态产业"双赢"的示范

（一）以天然草原为主的畜牧业与生态保护的矛盾

肃南县位于甘肃省张掖市，是全国唯一的裕固族自治县，主要畜牧业以天然草原放牧为主，堪称甘肃河西和内蒙古西部的"生命线"和"绿色水塔"，是我国西部重要的生态安全屏障和物种遗传基因库。但该县域经济发展水平较差，出行靠骑马和徒步，交通闭塞严重，导致该县域只能通过自给自足的形式实现温饱问题。大量的不规范的放牧使草原承载能力下降，对天然草原的"放任自流""只用不管理"让当地草原生态受到严重损害。随着国家生态文明建设的设想落地以来，生态环境保护和修复成为每个县域优先考虑的问题，肃南裕固族自治县作为重点生态功能区，在国土空间保护开发方面担负着保护和修复的作用。如何实现畜牧业可持续发展与生态保护相协调，最终实现农牧民增收与生态保护的双赢，是肃南裕固族自治县亟须解决的一项紧迫任务。

（二）做深做实现代农牧业实现"双赢"局面

肃南裕固族自治县严格秉承"两山"理念，利用其生态优势，凸显生态特点，打好生态品牌，加快推动绿色转型高质量发展，做好生态畜牧业新文章。首先，加快推进天然草原修复治理步伐。根据重点生态功能区产业准入负面清单管理，肃南裕固族自治县在实施草原生态保护方面有效落实草原生态保护补助奖励政策，规范管理牧场准入政策，其中，全县703.3万亩草原实施禁牧，退减天然草原超载牲畜10.18万个羊单位，指引核心区和缓冲区农牧民搬迁退出。大力推广"牧区繁殖、农区育肥、错季出栏"的发展模式，减轻天然草原生态压力，减缓草原和畜牧之间的矛盾。其次，产业准入负面清单管理制度严格禁止了放牧企业的进入，但积极引进了大量新型技术企业，为地区实现特色产业发展提质增效。如细毛羊产业得到全面提升，充分发挥皇城绵羊育种场和赛美奴种畜繁育公司育种基地作用，大力推广细毛羊两年三产、多胎选育、澳血导入等繁育技术，通过改良技术实现肉牛品质改良，大力发展优质牧草产业，实现牧草精深加工产业化。同时，肃南裕固族自治县印发了《关于深入开展生态环境问题排查整治工

作实施方案》，定期对生态环境修复和保护工作进行排查，对于不符合生态环境保护和修复的企业进行清理处置，保障进入企业的生态安全，实现生态产业化、产业生态化的"双赢"局面。

目前，通过扩大标准化农牧产业规模，通过建设现代化农牧业示范区，形成"一带两核三基地四园区"的示范空间布局，构建"种养加销"一体化全产业链条，多点发力、多措并举做强羊产业、做大牛产业、做精草产业，实现了特色产业效益倍增。

本章小结

本章主要研究了重点生态功能区产业准入负面清单管理具体模式的设计路线。从"思路—实施—反馈"入手，以"设计思路"为基准，根据设计理念，制定适合重点生态功能区的设计框架和基本原则，保障了设计思路的理论支撑和可行性。在策略实施方面，从"准入门槛—动态管理—退出机制"三个方面具体分析了重点生态功能区内的产业在进入前、中、后的具体行为规范，制定严格的管理措施，体现重点生态功能区的空间管理战略目标，实现习近平总书记提出的"绿水青山就是金山银山"的新发展道路。在溢出效应和反馈机制方面，产业准入负面清单管理模式带来了"保护生态环境、提高基础设施建设、助力返贫振兴、解决人口就业、提升科技水平、发展特色产业"等正向溢出效应。负面清单管理模式溢出效应的反馈机制形成了"产业准入负面清单—生态环境保护—绿色产出—溢出相关领域—提高内生动力—提高绿色产出—生态文明"的良性循环。在保障机制上要加强负面清单管理投入，完善资源管理政策；深化政府工作改革，破除发展中的权力寻租行为；实现产业多元化发展，增强社会公益服务。最后，本章通过分析三个典型案例具体说明重点生态功能区产业准入负面清单管理模式实施带来的生态保护、产业升级、经济提高等"双赢"局面。

第五章 重点生态功能区产业准入负面清单管理的绩效评价

重点生态功能区产业准入负面清单管理的目标是：通过对重点生态功能区产业准入和企业生产行为进行合规化管理，不断挖掘重点生态功能区产业绿色潜力，强化生态保护和生态功能，积极培育和引进低碳、零碳及负碳产业，遵循重点生态功能区的功能定位谋划经济社会发展。产业准入负面清单作为一种行政介入产业发展的手段，在保护环境与经济发展中发挥着重要作用。因此，重点生态功能区产业准入负面清单管理旨在通过减少区域环境破坏、发展绿色经济，从而实现区域的可持续发展。

本章通过构建重点生态功能区产业准入负面清单管理绩效评价体系，收集全国 278 个国家重点生态功能区县域 2007~2019 年的数据，从时间维度和空间维度对重点生态功能区产业准入负面清单管理的实施效果进行定量评价，并从理论和实证上识别和检验重点生态功能区产业准入负面清单管理的驱动因素，从而为重点生态功能区负面清单管理模式的优化提供经验证据。

第一节 重点生态功能区产业准入负面清单管理绩效评价体系构建

一、构建思路

构建重点生态功能区产业准入负面清单管理模式的绩效评价体系能够为负面清单的管理方向确立明确的目标，有效地开展绩效评估，能更好地对各生态功能区产业准入进行引导与监督。产业准入负面清单管理模式的绩效评价要体现三个方面的要求：一是绩效评价指标选择要一致，不同地区之间的绩效评价只有标准统一，才能进行统一比较；二是要体现不同指标评价结果的影响，通过绩效考核得出哪些指标对生态功能区产业准入具有显著影响，为日后提供可靠的实践经验和参考借鉴作用；三是要能体现产业准入负面清单绩效机制的长效性，指标的选择不仅要关注短期效果的体现，更应该关注长期绩效指标的选择，从而将地方政府只注重 GDP 的短期利益转变为经济与生态可持续的长效政绩观。

二、指标构建

产业准入负面清单管理模式绩效评价指标的选择不仅要考虑地方经济的发展，还要兼顾环境与资源利用情况，充分彰显负面清单管理模式在调适环境保护与经济发展冲突性方面的独特功能。

本章从投入指标和产出指标两个方面选取指标评价重点生态功能区产业准入负面清单管理模式的绩效。在指标选取中从可行性、全面性、经济性方面考虑，并借鉴国内外关于生态补偿的相关定义和前人研究成果（张涛、成金华，2017；熊玮等，2018），考虑到指标的可获得性和前文的研究县域，选取重点生态功能区 278 个县域为决策单元，统计该县域 2007~2019 年的数据为分析样本。将投入指标划分为资本投入（财政一般收入预算和固定资产投资）和资源投入（人均耕地面积和人均森林面积），用于反映重点生态功能区产业准入负面清单管理模式投入情况；将产出指标划分为经济指标（人均 GDP、农业增加值、工业增加值、第三产业增加值）和环境指标（人均工业二氧化硫排放量、人均工业烟尘排放量、人均工业废水排放量），用于反映重点生态功能区产业准入负面清单管理模式的成效产出。具体指标如表 5-1 所示。

表 5-1　重点生态功能区产业准入负面清单绩效评价指标体系

指标方向	指标类型	指标名称	指标代码	指标单位
输入端	补偿资本类	财政一般收入预算	F_1	万元
		各项税收总和	F_2	万元
	地区资源类	人均耕地面积	S_1	hm^2/人
		人均森林面积	S_2	hm^2/万人
输出端	环境治理类（非期望产出）	人均工业二氧化硫排放量	E_1	t/人
		人均工业烟尘排放量	E_2	t/人
		人均工业废水排放量	E_3	t/人
	经济发展类（期望产出）	人均 GDP	F_3	元
		农业增加值	F_4	万元
		工业增加值	F_5	万元
		第三产业增加值	F_6	万元

三、研究方法

随着"效率问题"研究成为热点，有关效率的评价方法也呈现出多样化态势。总体而言，效率评价方法主要有参数法和非参数法。参数法一般是在提前预设"投入—产出"函数关系的情况下，通过计量方法估计待估参数，从而开展效率研究，现有文献以随机前沿（SFA）方法最为普遍。非参数方法则在搁置"投入—产出"关系"黑箱"的情况下，通过非参方法研究"投入—产出"比值，从而开展效率研究，现有文献以多投入—多产出为特征的数据包络法（DEA）应用最广。本书研究的重点生态功能区产业准入负面清单管理模式运行效率问题，属于较为典型的多投入—多产出的效率测度问题，尤其是产出端还包含有期望和非期望两类产出。因此，本书选择非期望产出的 SBM-Malmquist 模型来测算重点生态功能区产业准入负面清单管理模式运行效率的时空演化。SBM 模型和 Malmquist 指数的相关定义以式 5-1 表示：

$$
\text{（SBM-Undesirable）}
\begin{cases}
\rho^* = \min \dfrac{1 - \dfrac{1}{m}\displaystyle\sum_{i=1}^{m}\dfrac{S_i^-}{X_{i_0}}}{1 + \dfrac{1}{S_1 + S_2}\left[\displaystyle\sum_{r=1}^{s_1}\dfrac{S_r^g}{y_{r_0}^g} + \displaystyle\sum_{r=1}^{s_2}\dfrac{S_r^b}{y_{r_0}^b}\right]} \\
X_0 = X\lambda + S^- \\
y_0^g = Y^g\lambda - S^g \\
y_0^b = Y^b\lambda - S^b \\
S^- \geq 0,\ S^g \geq 0,\ S^b \geq 0,\ \lambda \geq 0
\end{cases}
\tag{5-1}
$$

其中，ρ 表示决策单元的效率指标，X、Y^g 和 Y^b 分别表示待评价单元的投入矩阵、期望产出矩阵和非期望产出矩阵。X_0、y_0^g 和 y_0^b 分别表示待评价单元的投入向量、期望产出向量和非期望产出向量。m、S^1 和 S^2 分别表示投入、期望与非期望产出的类型。S^-、S^g 和 S^b 分别表示投入、期望产出与非期望产出的松弛变量。$\rho^* \in [0, 1]$，当 $\rho^* = 1$ 时，S^-、S^g 和 S^b 都为 0，决策单元有效；当 $\rho^* < 1$ 时，决策单元无效，存在效率改进的空间。

$$
M_{v,c}^{t,t+1}(x_{v,c}^t,\ y_{v,c}^t,\ x_{v,c}^{t+1},\ y_{v,c}^{t+1}) = \left[\frac{d_v^{t+1}(x_v^t,\ y_v^t)}{d_c^t(x_c^t,\ y_c^t)}\Big/\frac{d_v^{t+1}(x_v^{t+1},\ y_v^{t+1})}{d_c^{t+1}(x_c^{t+1},\ y_c^{t+1})}\right] \times
$$

$$
\left[\frac{d_c^t(x_c^{t+1},\ y_c^{t+1})}{d_c^{t+1}(x_c^t,\ y_c^t)} \times \frac{d_c^t(x_c^t,\ y_c^t)}{d_c^{t+1}(x_c^t,\ y_c^t)}\right]^{1/2} \times \frac{d_i^{t+1}(x_i^{t+1},\ y_i^{t+1})}{d_i^t(x_i^t,\ y_i^t)}
$$

$$
\tag{5-2}
$$

以上公式表示的是：将生态功能区负面清单管理模式运行的综合效率分解为综合技术效率与技术进步的乘积，并进一步将综合技术效率分解为规模效率和纯技术效率的乘积。

四、数据来源与描述性统计分析

（一）数据来源

根据数据的可获得性，选取重点生态功能区 278 个县域数据为样本，包括江西、福建、贵州、海南、河北、吉林、浙江、湖南、广西、四川、甘肃 11 个省份。全部数据均来自历年《中国统计年鉴》（2008~2020 年）、《中国城市统计年鉴》（2008~2020 年）、《中国林业统计年鉴》（2008~2020 年）及各地级市环境质量报告。需要说明的是，人均耕地面积由各功能区指标总量除以该区域总人口得到，而对于人均工业二氧化硫、人均工业烟尘排放量、人均工业废水排放量收集不到的功能区，则以（全市工业 SO_2 排放量/全市工业总产值）×全县工业总产值计算得到，部分缺失的县域人均森林面积数据则由（县国土面积/省国土面积）×省森林面积计算获得。

（二）描述性统计分析

从变量描述性统计分析中可以看出（见表 5-2），重点生态功能区产业准入负面清单存在很强的异质性。从各指标体系的标准差可以看出，有些指标的标准差区别较大，表明重点生态功能区不仅横向差异明显，而且区域内部时间纵向上的差异也比较明显，充分地体现了重点生态功能区在社会经济特征上的异质性。各生态功能区县域从单纯的唯 GDP 论到以绿色 GDP 为发展目标，因此导致重点生态功能区之间的社会经济情况差异性较大。

表 5-2 描述性统计分析

项目	样本量	最大值	最小值	均值	方差	标准差
各项税收总和	3614	299092	389	37449.02	37735.77	194.2570
财政一般收入预算	3614	183331	3260	33349.53	29661.04	172.2238
人均耕地面积	3614	2.4153	0.0130	0.0906	0.2053	0.4531
人均森林面积	3614	12.2375	0.0004	0.6967	1.3542	1.1637
人均 GDP	3614	40526.42	680.41	12407.06	8786.46	93.7361
农业增加值	3614	439316	6333	46829.50	43674.00	208.9832
工业增加值	3614	5126955	4203	591961.55	442062.71	664.8780
第三产业增加值	3614	2544499	13850	136352.06	173554.08	416.5982
人均工业二氧化硫排放量	3614	154.94	0.2117	10.9274	13.7285	3.7052
人均工业烟尘排放量	3614	173.9571	0.1385	13.5535	22.7203	4.7666

第二节　重点生态功能区产业准入
负面清单管理绩效的时空格局

一、时间演变

运用 deap 工具，对选取的 278 个重点生态功能区县域 2007～2019 年的负面清单管理模式运行绩效进行测算，研究结论具体如下。

（1）在综合效率方面，表现为既震荡又上升，在震荡中逐渐改善的演化趋势。从演化趋势来看，2007～2019 年江西国家重点生态功能区生态补偿综合效率呈现出明显的上升改善态势，综合效率从 2007 年的 1.04 上升到了 2019 年的 1.74，上升了 67.31%（见表 5-3）。从演化过程来看，综合效率表现出先震荡后上升的演化历程，大致可以划分为两个阶段：2007～2014 年综合效率表现为有降有升的震荡上升态势；2015～2019 年综合效率突出的表现为加速上升趋势（见图 5-1）。可能的原因在于，自 2014 年以来，尤其是国家全面加强对重点生态功能区的政策支持以来，各地区加大了生态环境保护方面的政策支持和投入力度，更加注重工业污染物的排放物和排放量，不断提高地区的绿色生产水平，从而改善了综合效率。

表 5-3　2007～2019 年重点生态功能区负面清单管理效率分解测算

年份 管理效率	2007	2008	2009	2010	2011	2012	2013	2014	2015	2016	2017	2018	2019
技术进步	1.11	1.21	1.14	1.15	1.18	1.20	1.25	1.21	1.25	1.25	1.27	1.28	1.29
纯技术效率	0.98	1.01	1.01	1.10	1.09	1.09	1.12	1.11	1.13	1.16	1.17	1.19	1.20
规模效率	0.96	1.05	1.00	1.08	1.12	0.10	1.02	1.04	1.03	1.05	1.09	1.10	1.12
综合效率	1.04	1.28	1.15	1.36	1.43	1.30	1.43	1.39	1.45	1.51	1.62	1.67	1.74

（2）在效率分解方面，技术进步、纯技术效率与规模效率在 2007～2019 年均呈现出上升的态势（见图 5-1）。但不同的是：从总体增幅上来看，技术进步、纯技术效率与规模效率分别由 2007 年的 1.11、0.98 和 0.96 上升到了 2019 年的 1.29、1.20 和 1.12，分别上升了 16.21%、22.45% 和 26.67%，规模效率的总体

增幅最大。从整体水平看，技术进步的整体水平要好于纯技术效率和规模效率，样本期技术进步的平均值为1.21，而纯技术效率和规模效率的平均值分别只有1.10和1.05。从年均增速看，纯技术效率的年均增幅高于技术进步和规模效率，样本期纯技术效率年均增长1.73%，高于技术进步和规模效率年均增速的1.25%和1.30%。由此可见，2007~2019年江西省国家重点生态功能区生态补偿的技术进步、纯技术效率与规模效率在总体增幅、整体水平、年均增幅具有各自优势。

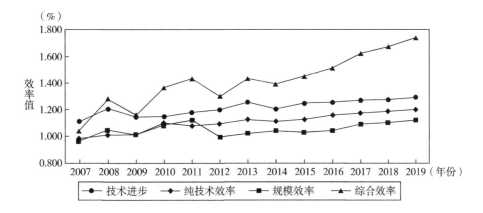

图5-1 2007~2019年重点生态功能区负面清单管理效率分解趋势

二、空间格局

通过对2007~2019年278个国家重点生态功能区县域产业准入负面清单管理的效率分解，可以看出样本期间的空间格局演变（见表5-4）。

表5-4 重点生态功能区产业准入负面清单管理 Malmquist 指数及分解（部分）

指数及分解 县区	综合效率变化	技术进步	纯技术效率变化	规模效率变化	全要素生产率
临江市	1.016	1.337	1.016	1.000	1.319
靖宇县	0.988	1.128	1.000	0.987	1.097
阿坝县	1.000	1.302	1.000	1.000	1.302
若尔盖县	1.029	1.399	1.011	1.018	1.379
雅江县	1.000	1.328	1.000	1.000	1.329
北川县	1.002	1.279	0.992	1.009	1.250

续表

指数及分解 县区	综合效率变化	技术进步	纯技术效率变化	规模效率变化	全要素生产率
武夷山市	1.003	1.404	1.001	1.000	1.464
宁南县	1.000	1.237	1.000	1.000	1.234
崇义县	1.000	1.767	1.000	1.000	1.729
雷波县	0.980	1.224	0.990	0.988	1.202
积石山县	1.003	1.185	1.000	1.001	1.150
民乐县	1.000	1.313	1.000	1.000	1.313
环县	1.017	1.124	1.000	1.017	1.078
通渭县	1.055	1.313	1.007	1.026	1.355
万安县	1.044	1.280	1.026	1.007	1.278
景宁畲族自治县	1.034	1.392	1.023	1.011	1.463
柘荣县	1.006	0.992	1.000	1.006	0.968
资源县	1.001	1.180	1.000	1.001	1.176
乐业县	0.986	1.040	0.995	0.991	1.020
天峨县	1.003	1.096	1.003	1.000	1.089
淳安县	0.999	1.236	0.995	0.992	1.163
临武县	1.002	1.382	1.000	1.002	1.387
古丈县	1.001	1.037	1.002	0.993	0.972
习水县	1.009	1.086	1.008	0.999	1.099
青龙满族 自治县	1.070	1.387	1.015	1.051	1.362
琼中黎族 苗族自治县	1.051	1.200	1.045	1.002	1.247
平均值	1.011	1.256	1.005	1.004	1.247

注：表中只报告了部分重点生态功能区计算的结果；选取的依据是兼顾了各个不同地区、不同类型的重点生态功能区；平均值是全国278个重点生态功能区的均值。

（1）从产业准入负面清单管理的全要素生产率来看，在样本期间除部分县区的产业准入负面清单管理全要素生产率略有下降外，其他绝大部分重点生态功能区的县域产业准入负面清单管理全要素生产率均有不同程度的增长，年均增长率高达24.7%，其中增长较为显著的是江西省崇义县、福建省武夷山市和浙江省景宁畲族自治县，年均增长率分别为72.9%、46.4%和46.3%。可以看出，在样本区间，重点生态功能区各县区的产业准入负面清单全要素生产率获得显著改善。由此可见，各地区对重点生态功能区产业准入负面清单管理模式的重视程度和政策效果较为明显。

（2）从产业准入负面清单管理的综合效率来看，在样本期间除部分县区的产业准入负面清单综合效率略有下降外，其他绝大部分国家重点生态功能区县的产业准入负面清单综合效率均有小幅增长，年均增长率为 1.1%。之所以重点生态功能区负面清单管理综合效率不断提高，主要是因为地方政府对环境保护的意识不断增强，且该类型地区第一产业占据较大篇幅，加上交通因素、生产要素等因素的限制，适合在保持当前生态优势的前提下发展生态低碳产业。

（3）从产业准入负面清单管理的纯技术效率来看，重点生态功能区各县区产业准入负面清单的纯技术效率略有改善，整体效率增长率仅为 0.5%。其中，仍有部分重点生态功能区纯技术效率呈现递减趋势，这表明该县区在产业准入负面清单方面的管理力度还需加强，且存在投入要素配置不合理的问题，需做出相应的调整与改善。

（4）从产业准入负面清单管理的规模效率来看，国家重点生态功能区各县区的规模效率改善较小，总体增长率仅为 0.4%。只有部分县区表现较好，其他县区均存在不同程度的规模效率不优（持平或下降），表明需适度合理地调整产业准入负面清单管理的规模，减少盲目扩大或缩小规模而导致实际的绩效不优。

（5）从产业准入负面清单的技术进步来看，重点生态功能区产业准入负面清单的技术进步提升较快，年均提升幅度达到 25.6%。除部分县区外，其余重点生态功能区各县区均提升了产业准入负面清单管理的技术进步水平。这可能源自多年来中央和省市在重点生态功能区产业准入负面清单管理模式方面投入大量的资金、技术、人才、政策等支持，以促进重点生态功能区产业准入技术水平的创新与进步，改善重点生态功能区的生态环境状况，推动地区经济社会的全面绿色发展。

第三节　重点生态功能区产业准入负面清单管理绩效的驱动因素

一、理论之争

综观国内外文献，有关重点生态功能区产业准入负面清单运行效率的驱动因素还未取得共识，本书从产业结构、经济状况、财政状况、环境规制四个方面归纳和探讨产业准入负面清单效率驱动因素的理论争鸣。

（一）产业结构因素

一种观点认为，产业结构会影响生态功能区产业准入负面清单管理的效率，尤其是产业结构高度化和产业结构合理化（韩永辉等，2016）、产业转移（吴传清和黄磊，2017）、产业集聚（张雪梅和罗文利，2016）等。具体而言，有学者认为国内产业转移对生态功能区产业准入负面清单管理效率的影响大于国际产业转移，且前者的影响为正向后者的影响为负（吴传清和黄磊，2017）。另一种观点认为，产业结构对生态功能区产业准入负面清单管理效率没有影响，如郭露和徐诗倩（2016）通过采用中部六省面板数据的实证研究，认为产业结构对生态功能区产业准入负面清单管理效率没有显著影响。还有一种观点认为，产业结构对生态功能区产业准入负面清单管理效率的影响并不是稳定正向或负向影响，而是受到各种因素影响的权变关系。如卢燕群和袁鹏（2017）的实证研究表明，产业集聚对生态功能区产业准入负面清单管理效率的影响呈现出"先正向再负向"的"倒 U 型"特征。总体而言，更多的学者认同产业结构会影响生态功能区产业准入负面清单管理的效率，但影响方向和程度未有定论。

（二）经济状况因素

杨亦民和王梓龙（2017）通过采用湖南 14 个市州的面板数据实证检验经济发展水平对生态功能区产业准入负面清单管理效率的影响，研究结果表明，在环境成本一定的情况下，经济发展水平能提供更多的财富，从而会提高生态功能区产业准入负面清单管理的效率。吴义根等（2017）检验了人均 GDP 对生态功能区产业准入负面清单管理效率的影响，研究结果显示，人均 GDP 对产业准入负面清单管理效率的影响呈现出"先负向再正向"的"U 型"特征。钟成林和胡雪萍（2016）特别检验了"资源诅咒"与产业准入负面清单管理效率之间的关系，研究结果表明资源禀赋并未成为产业准入负面清单管理效率提升的障碍性因素。时卫平等（2019）利用第一产业比率、负面清单涉及农业的总频次及主导产业频次，得出重点生态功能区产业准入负面清单问题区域的协同和空间治理与当地政策和资源的有效整合正相关。由此可见，经济状况对生态功能区产业准入负面清单管理效率的影响也存在一定争议，并未形成学界共识。

（三）财政状况因素

姜智强等（2022）利用了 2007~2018 年长江经济带的面板数据测算了各区域的农业生态效率，分析其财政支出对农业生态效率的影响及作用机制，研究结果显示，环保财政支出对产业准入负面清单管理效率产生积极影响。万伦来等（2020）验证了地方政府财政竞争的生态效率空间溢出效应，研究结果表明，从财政支出总量来看，财政支出总量竞争对产业准入负面清单管理效率具有显著负向影响；从财政支出结构来看，不同类型的财政支出竞争会对生态效率具有不同方向的影响，例如，本地经济建设支出竞争程度上升会导致周围地区生态效率的下降，呈负向影响。由此可见，财政状况对生态功能区产业准入负面清单管理效率的影响从不同角度研究会得出多样性的结论，对此还需学界一定的探索。

（四）环境规制因素

关于环境规制对产业准入负面清单管理效率的影响，学术界有三种不同的观点：一是张虎平等（2017）认为，环境规制对产业准入负面清单管理效率的影响是负面的；二是张子龙等（2015）利用中国的省域面板数据开展的实证研究表明，无论是短期还是长期环境规制都对产业准入负面清单管理效率表现出正面效应；三是环境规制对产业准入负面清单管理效率的权变影响论。李胜兰等（2014）的实证研究显示：环境规制对产业准入负面清单管理效率的影响呈现出明显的阶段性特征，即表现出"先负面再正面"的变化趋势。汪克亮等（2016）认为，环境规制对产业准入负面清单管理效率的影响具有不确定性。顾程亮等（2016）的实证研究表明，环境规制对产业准入负面清单管理效率的影响呈现出"非对称的倒 U 型特征"，在中国东部地区促进了产业准入负面清单管理效率提升，而在中西部地区却阻碍了生态效率提升。

二、因素之惑

根据以上理论分析，鉴于环境规制可以近似地被政府财政状况所刻画，参照前人研究，本书重点考察产业结构、居民经济状况和政府财政状况三类因素分析江西重点生态功能区产业准入负面清单管理效率的影响。三类变量的刻画指标如下：

（一）产业结构

产业结构反映经济结构，经济结构体现经济的可持续性发展，参照严成樑等（2016）的研究，本书采用第二产业和第三产业与总产值的占比来衡量产业结构水平，分别用 X1 和 X2 来表示。

（二）经济状况

现有研究已经证实居民经济状况会影响居民对生态保护的意愿（Bremer et al.，2014）与补偿阈值（Hejnowicz et al.，2014），本书分别采用城镇居民人均可支配收入（X3）、农村居民人均可支配收入（X4）和居民储蓄存款余额（X5）来综合刻画居民经济状况，这也是目前生态经济研究领域较为常见的刻画指标。

（三）区域环境状况

重点生态功能区针对产业准入实行的负面清单，规避三高（高污染、高能耗、高排放）企业的进入，管制已在生态功能区内的三高企业生产排放，实现产业的绿色生产，践行"青山银山就是绿水青山"的理念。因此，本书选取森林面积占比（X6）来刻画，这一指标也被时卫平等（2019）所采用。

三、方法之辩

有关生态功能区产业准入负面清单管理效率驱动因素的实证研究并不多见，为了寻找更科学的实证方法来检视驱动因素，本书从"产业准入负面清单管理效率影响因素"这一视角来梳理和总结实证方法。目前，有关"生态效率影响因素"的实证研究较为丰富，方法多样，加之研究对象、研究问题具有相似性，因此，首先探讨"生态效率影响因素"的实证方法之争，其次选取前沿的科学方法，从而开展对重点生态功能区产业准入负面清单管理效率驱动因素的实证研究。

鉴于因变量的取值介于 0 和 1，因此采用受限因变量模型（Limited Dependent Variable Models，LDVM）中的审查回归模型（Censored Regression Models，CRM）来进行影响因素分析，而审查回归模型又以 Tobit 模型最为典型。从模型具体设定来看，空间 Tobit 模型有三种设定形式：

（1）同时空间自回归 Tobit 模型（Simultaneous Spatial Autoregression Tobit model，SSAR-Tobit 模型）的设定形式如下：

$$ECE_{it} = \max \left(0, \rho \sum_{j=1}^{n} \omega_{ij} ECE_{jt} + X_{it}^{T} \beta + \mu_{it} \right) \tag{5-3}$$

（2）潜空间自回归 Tobit 模型（The Latent Spatial Autoregression Tobit model，LSAR-Tobit 模型）的设定形式如下：

$$ECE_{it} = \max(0, ECE_{it}^{*}), \text{ 其中, } ECE_{it}^{*} = \rho \sum_{j=1}^{n} \omega_{ij} ECE_{jt}^{*} + X_{it}^{T} \beta + \mu_{it} \tag{5-4}$$

（3）潜空间误差 Tobit 模型（The Latent Spatial Error Tobit model，LSE-Tobit 模型）的设定形式如下：

$$ECE_{it} = \max(0, ECE_{it}^{*}), \text{ 其中, } ECE_{it}^{*} = X_{it}^{T} \beta + v_{it}, v_{it} = \rho \sum_{j=1}^{n} \omega_{ij} ECE_{jt} + \mu_{it} \tag{5-5}$$

在以上三种模型设定中，ECE_{it} 是地区 i 在时间 t 的产业准入负面清单管理效率，ω_{ij} 是空间权重矩阵，X_{it}^{T} 是解释变量矩阵，ρ 是空间自回归系数，v_{it} 是具有空间相关性的误差项，μ_{it} 是不具有空间相关性的误差项。为了选择合适的具体模型设定形式，参照前人研究（Kelejian and Prucha，2001；Qu and Lee，2012；车国庆，2018），分别采用 KP 检验和 LM 检验来确定具体的模型形式。具体检验结果（见表5-5）。

表5-5　空间 Tobit 模型的 KP 检验和 LM 检验结果

空间 Tobit 模型三种形式	KP 检验	LM 检验
SSAR-Tobit 模型	1. 141 **	3. 577 **
LSAR-Tobit 模型	0. 368 *	0. 228
LSE-Tobit 模型	0. 152	0. 479 *

注：*、** 分别表示在0.10、0.05的显著性水平上通过了显著性检验。

从表5-5的检验结果可知，KP 检验表明 SSAR-Tobit 模型和 LSAR-Tobit 模型分别在0.10和0.05显著性水平上通过了显著性检验，LM 检验表明 SSAR-Tobit 模型和 LSE-Tobit 模型分别在0.10和0.05显著性水平上通过了显著性检验。因此，综合考虑 KP 检验和 LM 检验结果，SSAR-Tobit 模型是最合适的空间 Tobit 模型的设定形式。

四、模型估计

（一）模型估计

理论上对于空间 Tobit 模型的参数估计，可供选择的估计方法主要有广义矩估计（GMM）、贝叶斯模拟矩估计（Lesage，2000）等，但鉴于这两种估计方法的空间 Tobit 模型设定的检验理论尚未成熟，因此，在实际研究中通常选择更为成熟的极大似然法，该估计方法对空间 Tobit 模型的系数估计具有一致性和渐进最优性的优点（车国庆，2018），本书沿用这一估计方法。

（二）空间权重矩阵

考虑到重点生态功能区在县级层面更多地表现为邻近效应，因此本书采用邻近空间权重来刻画空间效应。具体设定如下，如果县与县之间在地理上有共同边界，那么矩阵元素取值1，否则取值0。

（三）具体模型

根据空间 Tobit 模型检验结果，将影响因素分析纳入 SSAR-Tobit 模型，从而具体实证模型设定如下：

$$ECE_{it} = \max\left(0, \rho\sum_{j=1}^{n}\omega_{ij}ECE_{jt} + \beta_1\ln X_{1it} + \beta_2\ln X_{2it} + \beta_3\ln X_{3it} + \beta_4\ln X_{4it} + \right.$$
$$\left.\beta_5\ln X_{5it} + \beta_6\ln X_{6it} + \mu_{it}\right) \qquad (5\text{-}6)$$

在上述模型中，ECE_{it} 是地区 i 在时间 t 的产业准入负面清单管理效率，

ECE_{jt} 是地区 j 在时间 t 的产业准入负面清单管理效率，ρ 是空间自回归系数，ω_{ij} 是空间权重矩阵，X_{1it}-X_{6it} 是分别表示地区 i 在时间 t 的第二产业与总产值占比、第三产业与总产值占比、城镇居民人均可支配收入、农村居民人均可支配收入、居民储蓄存款余额和森林面积占比，μ_{it} 是误差项。

五、实证结果

为了更加清晰地厘清不同类型的国家重点生态功能区产业准入负面清单管理效率驱动因素的差异，分别用 SSAR-Tobit 模型对全部样本和四个不同类型样本进行了估计，估计结果如表 5-6 所示。

表 5-6　SSAR-Tobit 模型的 MLE 估计结果

变量	全国重点 生态功能区	水源涵养 生态功能区	水土保持 生态功能区	防风固沙 生态功能区	生物多样性 生态功能区
X_{1it}	-0.231**	-0.124	-0.411**	-0.376*	-0.495***
X_{2it}	0.432**	0.218**	0.334*	0.602**	0.483**
X_{3it}	0.298*	-0.337	0.193	0.542**	0.371*
X_{4it}	0.344**	0.299**	0.442***	0.617***	0.561***
X_{5it}	0.227	0.343	0.227*	0.127	0.411
X_{6it}	0.447***	0.387**	0.692**	0.770**	0.682***
ρ	0.117***	0.224***	0.289***	0.464***	0.572***
Wald 检验	23.325***	10.774**	16.431***	15.924***	18.478***

注：*、** 和 *** 分别表示在 0.10、0.05 和 0.01 的显著性水平上通过了显著性检验。

（1）从全部样本来看，除"居民储蓄存款余额"外，第二产业与总产值占比、第三产业与总产值占比、城镇居民人均可支配收入、农村居民人均可支配收入和森林面积占比均对重点生态功能区的产业准入负面清单管理效率存在显著性影响。从影响方向来看，除"第二产业与总产值占比"对重点生态功能区的产业准入负面清单管理效率是负向影响外，其他因素均是正向影响。主要原因可能是"第二产业与总产值占比"刻画的是工业发展状况，而重点生态功能区多处于生态脆弱区，产业基础薄弱、传统产业占据主导、生态产业发育滞后，容易造成生态破坏，因此呈现出的结果就是重点生态功能区的第二产业与总产值占比越高，其对产业准入负面清单管理效率的影响就越负面。而相应的，其他指标某种程度上都是从产业结构、居民经济状况、区域环境状况等方面刻画有利于产业准入负面清单管理效率的指标，如"第三产业与总产值占比"通常被用来刻画区域经济发达程度，相较于第一、第二产业而言，第三产业（如旅游业、现代服务业等）对生态环境的影响相对较少。"人均GDP"指标主要刻画的是居民购买能力，居民购买能力的提升反映在消费端是消费升级，在需求端会增加对生态产品的需求，也会增加对生态环境保护的诉求。"森林面积占比"刻画是当地的生态环境情况，重点生态功能区内的环境改善与企业排放的废气废水息息相关，因此森林面积占比越高，相应的产业负面清单管理效率也相对越高。

（2）从影响程度来看，对重点生态功能区产业准入负面清单管理效率的影响程度依次是森林面积占比（0.447）、第三产业与总产值占比（0.432）、农村居民人均可支配收入（0.344）、城镇居民人均可支配收入（0.298）和第二产业与总产值占比（0.231）。从影响程度差异可以得出两个非常有趣的结论：一是森林面积占比对重点生态功能区产业准入负面清单管理效率的影响最大，表明重点生态功能区对产业准入负面清单管理仍然在很大程度上受到了森林覆盖率的影响，效率也是最为显著的。可能的原因是，较高的森林覆盖率能够提供更大的环境承载能力和空间，更为深刻影响了对准入产业（限制或禁止类产业）的管理模式和管理手段。二是"第三产业与总产值占比"的影响高于"第二产业与总产值占比"，这说明样本区域内第三产业的发展对第二产业的生态化更有利于该区域内产业准入负面清单管理效能的改善。可能的原因是，重点生态功能区第三产业（如生态旅游、生态康养、现代服务业等）发展的速度和质量超过了该区域内第二产业生态化、绿色化的速度。

（3）从不同类型样本来看，对四种不同类型的重点生态功能区而言，共同的影响因素是第三产业与总产值占比、农村居民人均可支配收入和森林面积占比。就四种不同类型开展具体分析，在水源涵养生态功能区，对产业准入负面清单管理效率的影响程度依次是森林面积占比（0.387）、农村居民人均可支配收入（0.299）和第三产业与总产值占比（0.218）；在水土保持生态功能区，对产业准入负面清单管理效率的影响程度依次是森林面积占比（0.692）、农村居民人均可支配收入（0.442）、第二产业与总产值占比（0.411）、第三产业与总产值占比（0.334）和居民储蓄存款余额（0.227）；在防风固沙生态功能区，对产业准入负面清单管理效率的影响程度依次是森林面积占比（0.770）、农村居民人均可支配收入（0.617）、第三产业与总产值占比（0.602）、城镇居民人均可支配收入（0.542）和第二产业与总产值占比（0.376）；在生物多样性生态功能区，对产业准入负面清单管理效率的影响程度依次是森林面积占比（0.682）、农村居民人均可支配收入（0.561）、第二产业与总产值占比（0.495）、第三产业与总产值占比（0.483）和城镇居民人均可支配收入（0.371）。

(4) 从造成差异来看，造成五种不同类型重点生态功能区产业准入负面清单管理效率驱动因素差异的原因可能是：由于国家定位不同，造成不同类型国家重点生态功能区的生态禀赋、产业布局、财政投入、发展路径具有一定差异。在生态禀赋方面，国家将重点生态功能区的定位侧重于生态环境功能，不再考核地区生产总值指标，在一定程度上导致部分地区生态产业发展动力和压力不足，生态产业发展不足，导致重点生态功能区经济发展突破生态约束的压力持续存在。在产业布局方面，一些重点生态功能区的产业转型需要技术、资金等支持，加上生态产业集中度不高、生态产业链不完善及产品附加值低等问题突出，有些重点生态功能区的产业较为单一，且多处在初级农作物种植和农产品初级加工阶段，产业链较短，附加值较低，自我造血能力不足。在财政投入方面，重点生态功能区是限制开发区，生态产业发展的碎片化使其规模效应难以凸显，对资本的吸引力也不够，加上地方财政投入缺口较大，自我发展的内生驱动乏力，对生态补偿的财政投入越来越难以为继。在发展路径方面，在个别重点生态功能区"限制和禁止开发"的指导思想下，绿色生态产业并没有置于产业发展的优先位置，陷入了"保护有余，发展不足"的困境，影响了负面清单管理模式的效率。

(5) 从空间效应来看，无论是全国样本还是不同类型样本的实证结果都表明产业准入负面清单管理效率的空间效应存在（均为正空间效应），而且全国样本的空间效应均低于四种类型样本的空间效应。可能的原因是重点生态功能区在全国的分布较为分散，加之四种类型重点生态功能区之间的异质性较强，从而导致全国样本的空间效应低于五种类型内部的空间效应。四种不同类型国家重点生态功能区产业准入负面清单管理效率的空间效应大小依次为生物多样性生态功能区（0.572）、防风固沙生态功能区（0.464）、水土保持生态功能区（0.289）和水源涵养生态功能区（0.224）。

本章小结

本章基于 SBM-Malmquist 模型分析了 2007~2019 年 278 个县域国家重点生态功能区产业准入负面清单管理绩效的时空演变，并进一步采用 SSAR-Tobit 模型实证检验了其驱动因素。主要研究结论有以下四个方面：

(1) 从重点生态功能区产业准入负面清单管理的综合绩效来看，在时间维度上，表现为既震荡又上升，在震荡中明显上升改善的演化趋势，综合效率从 2007 年的 1.04 上升到了 2019 年的 1.74，上升了约 67.30%；在空间维度上，除极少数县区的产业准入负面清单管理综合绩效略有下降外，绝大部分国家重点生态功能区的产业准入负面清单管理的综合绩效均有不同程度的改善。

（2）从重点生态功能区产业准入负面清单管理效率分解的时间演化来看，技术进步与纯技术效率在 2007~2019 年均呈现上升的态势。一方面，在样本期间技术进步的上升幅度和整体表现要好于纯技术效率；另一方面，技术进步在 2009~2010 年曾呈现出短暂的下降，而后才进入到快速改善区间，而纯技术效率在样本期间则一直表现为稳步的上升态势，而规模效率从整个样本期间来看只略有改善。

（3）从重点生态功能区产业准入负面清单管理效率分解的空间格局来看，在样本期间各县域产业准入负面清单管理的纯技术效率略有改善，整体效率增长率仅为 0.5%；各县域产业准入负面清单管理的规模效率改善较小，总体增长率仅为 0.4%；各县域产业准入负面清单管理的技术进步提升较快，年均提升幅度达到了 25.6%。

（4）从重点生态功能区产业准入负面清单管理效率的驱动因素来看，第二产业与总产值占比、第三产业与总产值占比、城镇居民人均可支配收入、农村居民人均可支配收入和森林面积占比均对重点生态功能区的产业准入负面清单管理效率存在显著性影响，影响程度的依次是森林面积占比、第三产业与总产值占比、农村居民人均可支配收入、城镇居民人均可支配收入和第二产业与总产值占比。

第六章　重点生态功能区产业准入负面清单管理的制度保障

在重点生态功能区建立产业准入负面清单管理制度相关文件中，明确提出要构建"县市制定、省级统筹、国家衔接、对外公布"的工作机制①，对制度保障进行规定，要兼顾制度制定中各环节之间的联系，确保制度的可实施性、合理性。在商榷负面清单管理具体条目时要落实"坚持分工协作、突出因地制宜、注重衔接协调、强化底线约束、严格监督考核"的基本原则，通过摸底研究、编制起草、统筹审核、公布实施、考评监督等方面对制度制定流程进行规范，同时加大管控力度，通过实时监控掌握动态信息，对管理进行日常监督及激励考评，确保产业准入负面清单符合生态功能区实际需求，能够在生态功能区的建设中发挥积极作用，在保护生态环境的同时，促进与本地生态环境资源相适宜的产业顺利进入生态功能区高速发展期。

第一节　重点生态功能区产业准入负面清单管理模式的政府职能

在重点生态功能区负面清单的编制实施管理过程中，政府应当积极地转变职能，将自身从决策者调整为服务者，确保负面清单能够落地实施，推动重点生态功能区的制度建设。在监督管理方面，政府应科学地设置产业准入负面清单，对产业进行筛选，在保护生态环境的前提下，最大化地发展区域特色经济，借助宏观调控手段，完善负面清单相关的法律法规，构建良性竞争、开放统一的市场制

---

① 国家发展改革委印发. 重点生态功能区产业准入负面清单编制实施办法 [Z]. http://www.gov.cn/xinwen/2016-10/21/content_5122688. htm. 2016-10-21.

度；在服务方面，运用大数据预测需求、预判问题等技术，有效整合各方优势资源，集聚各种优势要素，增强政务人员服务意识，构建新型服务反馈机制，从而加强管理模式的精准化、智能化。着力推进政府治理能力的现代化，形成新型政务服务体系，构建人民群众满意、称赞的服务型政府。

一、科学设置产业准入的负面清单

中国国土面积大，区域之间生态环境各具特色，发展过程中面临的问题不同，同时，不同生态功能区对产业进入的要求有所差别，各地制定的政策标准不一。鉴于此，2016 年 10 月，国家发展改革委出台了《重点生态功能区产业准入负面清单编制实施办法》，通过该办法指导负面清单的编制过程更加系统、规范。规范的清单编制流程使清单的实施主体得到细分，确保清单根据各区域的具体情况，均衡考虑生态环境与经济发展，制定适宜的清单条目，引导企业发展地方特色产业。

（一）与时俱进，明确产业结构调整方向

早在 2005 年 12 月，国务院出台了与产业结构调整规定相适用的指导目录，该目录涉及 20 多个产业，分为淘汰类、限制类和鼓励类三类，具体数量分别是399 条、190 条、539 条。在我国经济快速发展、科技迭代速度加快的背景下，为了促使产业结构与当前发展需求契合。国家发展改革委会同国务院有关部门对目录进行修订，联合颁布《产业结构调整指导目录（2011 年）》（以下简称《指导目录》），新的指导目录共涉及 44 个产业，其中，鼓励类产业增至 750 条，其他两类微调，调整后分别为 223 条、426 条，明确了产业结构调整的方向。之后对于《指导目录》（2011 年版）分别在 2013 年和 2016 年对其中的 23 条款项做了修订，增加了鼓励类 11 条和减少了淘汰类 2 条，对产业架构实行升级、转型。2019 年，颁布新版《指导目录》，该版的淘汰类、限制类和鼓励类产业数目分别达到了 441 条、215 条、821 条，与上一版本相比，除了鼓励类增加明显以外，其他类目均有所减少（见图 6-1）。

由图 6-1 可以看出，我国对于产业的鼓励类条目不断增加，限制类、淘汰类条目变动幅度较小，相对平稳。经过多次修订后，在最新版本的目录中添加了部分产业，包括人力资源和人力资本服务业、人工智能、养老与托育服务等，这是国家紧跟时代发展脚步、对新业态和新产业予以全力支持的体现。在内容上，对于新增的鼓励类产业，发展方向不明确的仅做方向性描述，并不规定具体参数指标，给予此类产业更多的发展空间；对于淘汰类、限制类产业，则以全面记录其参数、品类的方式来确定发展产业的底线。除此之外，为规避产业准入负面清单产生"一刀切"的风险，使产业发展盲目受限或被迫退市。在政策的落实中，

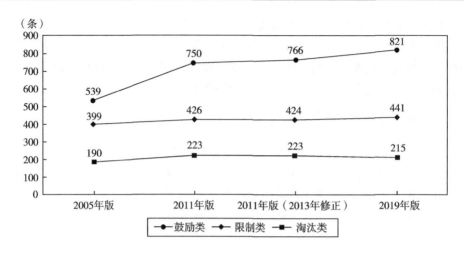

图6-1 历年条目明细

资料来源：笔者根据各年度颁布的《产业结构调整指导目录》对比整合而来。

对于能够通过技术升级减少甚至不破坏环境的产业集中规划管理，引导其优化升级；对于难以满足区域生态发展规划的产业则必须严格禁止，确需保留的，将其底线之后的可行性凸显出来，明确评估，使在促进地方经济发展建设的同时，尽可能减小生态环境不得不做出牺牲的可能性。

（二）详细调研，凸显当地生态特色

重点生态功能区分布广泛，在现有的生态功能区中，生态环境情况、经济发展水平、产业结构、地方政策等都存在一定的差异，因此，在设立重点功能区产业准入负面清单时，应该详细调研评估区域生态承受能力和自我修复能力，明确地方生态短板，界定产业准入的标准，限制标准之外的企业进入；同时依托地域生态的优势，鼓励地方特色企业发展因地制宜的区域经济。进而使负面清单作为生态功能区的产业准入底线效用精准发挥，提高生态环境的生产力，实现生态价值。

例如，位于内蒙古高原、青藏高原、黄土高原三者交界之处的甘肃省，面积广阔、海拔悬殊极大、山脉纵横交贯，同时具有平川、高山、戈壁等多种地形，全省气候多样。在多种水文、地貌地形及气候等自然因素的影响下，甘肃省内形成了丰富多样的地质遗迹和生物资源，区域内需要维护对象多，生态价值高，在我国25个重点生态功能区的规划中，涉及四个功能区，囊括了生态功能区四大类型中的三类，分别是水源涵养型、生物多样性保护型、水土保持型，因此，对生态功能区的资源环境管控要求较高。经过本地政府长达10个月的摸底调研后，于2017年8月，甘肃省政府公布了《甘肃省国家重点生态功能区产业准入负面清单》。

从甘肃省各生态功能区对典型产业的管控要求中可以发现，水源涵养型功能区通过把一定条件下的耕地进行退耕还林、还草、还湿等方式，对水源或湿地周边一定范围起到保护的作用；水土保持型功能区通过对农业节水灌溉改造，达到节水农业要求，避免生态环境遭到破坏与恶化；生态多样型功能区通过禁止引进会对本地物种造成影响的外来物种，保持本土生物供应链的平衡。并且，在功能区的管控内容方面也存在或多或少的区别，如阿克塞县、古浪县、天祝县、民乐县、民勤县、肃北县、肃南县、山丹县、永昌县、永登县 10 个县，虽然是水源涵养型功能区，但由于拥有达成节水型农业目标的需求，在清单中添加了改造灌溉系统的条目，最大限度地将保护生态环境与产业准入相结合。

（三）精准规划，加强负面清单协同性

在生态功能区负面清单的编制过程中，大部分生态功能区的划分是精确的，但仍然存在部分空白区域或遗漏区域，导致负面清单的协调性、统一性受到了影响。2017 年 2 月，国家发展改革委将 240 个县（市、区、旗）及 87 个重点国有林区林业局新增纳入国家重点生态功能区，并附带其类型。其中，新增林区主要位于东北、内蒙古区域，所辖森林面积占各县域森林面积超过 70%，包括我国嫩江、松花江、黑龙江水系及其各大湖库、重点支流的主要发源地和水源涵养区，同时也是三屏两带的组成部分，对于生态安全、国家粮食安全、东北粮仓的保护而言，新增的林区是至关重要的[①]。

其实在新中国成立不久这 87 个重点国有林区便已成立，在管理体制上都是县级建制，且存在与地方县域重合，但从实际情况来看，无论是行政体系还是社会联系均与各县分离，形成了政企不分、政事不分、管办不分的独立封闭的特殊社会区域，导致森林生态系统开发过度，生态功能退化十分严重，生态环境自我修复能力很弱。并且，在林区建立基础设施导致债务过高，财务费用沉重，无法给生态修复提供资金支持，使林区的循环生态功能受到了严重的限制。此次新增的国家重点生态功能区，单独将重点国有林区的行政体系区分开来，实现政事分开、政企分开、管办分离的目标；健全重点生态功能区的划分与版图，提高负面清单管理模式下各区域之间的协同性。

二、完善法律法规和各项配套制度

（一）健全法律法规

负面清单机制是法律层面的市场准入机制，它很好地体现了"法无禁止即可

---

① 内蒙古大兴安岭 19 个林业局全部纳入国家重点生态功能区 ［EB/OL］. http：//www. gov. cn/xin-wen/2016−10/20/content_ 5122235. htm. 2016−10−20.

为"这个法理，使市场主体具有更多自主权，变得更有生命力了，但在赋予市场更大权利的同时也带来了更大的不确定性，因而健全相关法律法规是保证负面清单科学性、全面性以及合理性的前提，设计负面清单时需保证其内容与法律规定完全相符，需要结合现有的《中华人民共和国环境法》《中华人民共和国节约能源法》等法律制度，健全重点生态功能区监督管理的法律法规及其他财政、投资等相关配套法律及政策，落实监管行为和监管程序的合法性，明确监督管理的依据。

首先，对于功能区负面清单来说，其依据的法律制度体系核心应是生态产业的准入要求及其环境标准，构建与该清单相一致的，囊括信息公开、环保监管等方面的法律制度体系。此外，还应当从产业、环境、财政、业绩考评、生态补偿等多个方面构建与该清单相符的监管机制、政策体系、奖罚与考评机制、技术标准（邱倩和江河，2017）。对于法定保护区域，国家已出台了专门的法律法规，因此可依法对其片区内的建设开发等活动实施管理。但各功能区由于其定位不同因此各有特点，其区域内生态红线及生态黄线标准不一，这就导致其所适应的产业相对多样，因此需要给予地方立法机构一定的调整权针对本地区的功能区进行适当性调整以使相关法律法规更契合当地发展。除此之外，对于处于生态功能区内又在非法定保护区域的部分，可以依据相关生态环境指标如空气污染排放量、水资源红线等再参照相关法律法规进行负面清单的制定对限制类或禁止类产业进行明确。

其次，建立健全相关配套法律法规，应采取以下三项措施：一是提升制定负面清单的透明度，使其更加清晰准确，减少框架性的描述。二是明确责任管理，目前缺乏绩效考评机制，人员责任划分不明晰，建立公平的绩效考评制度有助于激励工作人员活力；另外，对违反相关规定的责任人员加以惩戒。三是仲裁机制，从法律角度进行分析，负面清单实际属于解释性规范，并不具备完全独立的法律地位，法律效用有限，在出现相关法律仲裁问题时，难以作为法院审理依据，因此需要对相关行政法规加以完善，将清单内容与法律法规进行联系，确保清单条目在实际运行中有法可依。

面对重点生态功能区丰富的自然资源，实施产业准入负面清单管理不仅需要一系列配套政策和措施，还需要不断完善对生态资源的管理政策措施。财政部关于印发《2012年中央对地方重点生态功能区转移支付办法》的通知充分发挥财政资金的宏观经济调控作用，加大功能区内生态资源保护、自然资源修复等方面的投资力度。当前的转移支付以省级名单发放，是否能高效地应用于保护和修复生态环境，尚未有明晰的使用报告，这就存在资金使用标准不规范、无法落实专款专用等现象。完善转移支付资金使用规范，定期对资金使用情况进行通报，为更好地保护和修复生态资源奠定物质基础。

生态环境部门应该与财政部门相协调，明晰区域内的生态资产情况，积极引入银行等金融机构，成立"森林生态银行"，为资源资本化搭桥，实现"两山"理论的自由转换。出台自然资源产权交易制度，则有利于进一步调动当地政府和民众的发展积极性，保障重点生态功能区战略目标的实现。重点生态功能区产业准入时，需要根据政策办理各种准入手续，简化企业进入的审批手续，提高政府有关部门办理效率，持续优化服务保障政策，体现我国社会主义市场经济的制度优势。

（二）深化简政放权，发展新型政务

自 2004 年实施服务型政府建设以来，我国政府职能通过不断的改革与优化，产生了一定的社会效应。在随着信息时代的到来，政务处理方式更加灵活便捷，民众的服务体验得到质的提升，但由于缺乏设备管理能力与技术人员指导等问题，特别是针对以县级单位为主要主体的重点功能区，依旧存在冗长、繁杂的政务程序。因此，应当继续加强对基层政务体系的建设，推动我国新时代服务型政府理念的发展。在上海自由贸易试验区依照负面清单机制实施管理以前，行政批复方式一直沿用的是正面清单机制，负面清单管理模式推广之后，简政放权的效果立竿见影。在自贸区内，针对清单之外的外资项目，其工商登记不再需要冗杂的层层审批，最快四天即可走完全部流程。同时，设立综合行政服务中心，使企业在接受行政审批时只需要将准备齐全的材料交给统一窗口即可，后续流程会自动在政务体系内部流转，进一步便捷了行政审批过程，形成"一站式受理"，在很大程度上降低了企业的时间成本。

对于生态功能区而言，在负面清单的管理模式下，将不符合生态发展需要的企业请出去，将适宜地方发展的企业引进来，这一过程的有效实施，需要政府在简政放权上加大实施力度，提高政务人员办事效率，优化服务流程，为企业提供更高水平、更高质量的政务服务，确保生态与地方经济均衡发展。在重点生态功能区地方政府深化改革中，坚持权责分离制度，彻底隔断政府与企业之间的利益关系，破除企业发展中各种不正当的约束行为，也是重点生态功能区长远发展的重要基础。企业准入重点生态功能区时，构建多方部门共同审核制度，建立相互制约的政府工作制度，防止一方权力过大出现去权力徇私行为。大力压减单一部门的审批权力，加强监督管理频率，有利于降低生态资源部门审批过程中面临的诱惑。同时，对于产业准入审批人员，应该建立与之相适应的奖惩机制，以起到督促作用。

重点生态功能区涉及丰富的自然资源，如矿产资源等，如果随意进行开采必然会带来严重的生态环境破坏问题，产业准入负面清单的明确执行就变得尤为重要，当企业和审批部门负责人试图通过权钱交易获得开采权时，意味着制度的无效和权力的过度集中。根据重点生态功能区战略发展需求，构建有效监督机制和严格的惩戒机制，破除功能区发展中的权力寻租、徇私舞弊现象，助力生态功能区健康有序发展。

（三）构建"互联网+监管"的模式

重点生态区负面清单管理模式的政府职能转变与传统行政区相比，在方向与内容上都具备一定的差异性，这对政府工作能力的要求较高。在实施政府监管的过程中，要重点结合当地生态环境的保护，从水源、森林、生物多样性等多个方面对症下药，细化制定实施主体，因地制宜地满足清单平衡生态与经济发展的需求。由于各功能区的企业众多，如果采用传统的监管办法，那么所耗费的人力、物力、财力过大，且我国地域辽阔，各生态功能区所面临的问题各不相同，使监管标准无法统一，监管结果得不到有效控制。而"互联网+监管"的模式可以通过区分不同的环境需求，利用例行监测、无人机抽检等各种技术来设定详细的指标，从而得到科学、有效的监督结果。根据结果追踪不符合要求的机构、企业与个人，缩小了监督管理的工作范围，从而加强了政府人员的工作效率。并且，针对功能区的特殊需求，新增或匹配相应功能，循序渐进地完善监管模式，为完善功能区的市场建设提供有效的支持与保障。与自贸区负面清单相比，功能区的负面清单在内容方面加入了对生态环境功能的保护，导致清单的限制条目数量较多，这就要求政府工作人员在现有行政区监管制度建设的基础上，提高专业水平，利用互联网的优势，通过科学的监管手段寻求生态与经济之间的最优解。

三、强化服务意识以提升服务水平

政府职能转变、软环境建设，需要政务人员增强服务意识，营建廉洁的服务环境。在重点生态功能区负面清单模式的推进中，各区域服务人员，要深刻理解这一模式的精髓，积极学习基本服务内容和先进的服务管理方式，努力构建服务型政府。对于产业准入条件，以功能区生态环境为基础，积极发展与环境相适宜的产业，思想上转变服务意识，确保负面清单管理模式顺利落实。为了更好地实现市场机制与政府职能的有机结合，在重点生态功能区内实现由市场主导、政府辅助的管理方法，以确保对功能区内生态资源有效配置。从当前国内的行政批复变革来看，实施"负面清单"机制实施管理显著降低了市场准入门槛，增加了政府工作透明度。当前如何强化政务人员服务意识、提升政府的服务水平、建立服务型政府，使政府职能的着力点定位在公共服务与市场监管上，是在"负面清单"管理模式下转变政府职能必须重视的问题。

（一）转变思想观念

强化服务意识、建设服务型政府首先需要转变政务人员的思想观念，针对目前我国部分政务服务人员服务能力不足、服务意识匮乏等现象，其根本原因在于思想观念没有彻底转化，无法适应负面清单管理模式。作为政务人员，必须把群众利益摆在第一位，切实考虑人民需求，正确对待拥有的政治权力和应尽的服务义务，更好地完成为人民服务的使命；对服务工作需要具有责任心、同理心，为群众办实事；主动学习服务理念，充分发挥主观能动性。

（二）创造廉洁服务环境

营造廉洁的服务环境，有利于提升政府办事效率，促进服务型政府的构建。廉洁的政务环境需要每一位基层工作人员从自身做起，注意言谈举止，坚持廉政，拒绝腐败。在树立政府形象的过程中，通过加强便民服务、设立意见箱、举报邮箱等方式积极接受群众监督，拓宽与群众的沟通渠道，使政府工作公开透明，有利于强化群众基础，提升政府公信力。

（三）增强社会公益服务

当重点生态功能区的准入产业类型逐渐增多时，产业技术的引入可以广泛应用于区域基础设施建设、生态环境修复、水资源净化、土壤治理、景观修复等方面。如重点生态功能区主要农产业，传统培育方式是通过化肥、农药等给农产品除害，而当前随着技术创新水平的提高，更多的大棚农产品被生产出来，通过引入先进的物联网技术实时观测农产品培养各环节指标，可以最大限度地优化农产品生产环节，提高产量和质量。农产品的多元化，有助于带动整个区域产品技术水平上升，增强市场竞争力。

鼓励各准入产业发展技术创新，积极构建大数据信息系统，构建信息一体化平台，统筹推动各部门信息共享，让产业发展有效发挥资源集聚优势，为优化生态自然资源管理、提升环境保护治理能力、维护公共安全提供技术支撑，为产业准入负面清单的全面、高效实施带来新的助推力。

（四）建立培训考核机制

负面清单的管理模式在重点生态功能区的建设过程中，需要政务服务队伍不断学习标准制度、提高政治素养，用知识武装监督管理工作中的各个方面，使其更加科学、高效。将基层岗位进行划分，开展具有岗位特色的培训工作，达到加强服务意识，提高服务能力的目的，使其更好地认识并履行自身的工作职责。同时设立相应的工作指标、服务指标，通过将其工作结果量化，达到对其合理地进行评定与考核的目的。开展形式多样的能力检验活动，通过奖惩激发政务人员钻研业务、做好服务的能力，有效促进基层工作者提高服务质量。

（五）设立服务反馈机制

政府服务的优化，离不了民众的体验感受反馈，建设服务型政府需要尽可能满足民众需求，提升用户的满意度，因此，面向社会大众设立对政府服务的反馈机制必不可缺。通过反馈机制，一方面可以对现有服务的不足进行改进，另一方面可以收集民众需求以添加新功能。这有助于政府提高服务能力，促进服务型政府的建设。我国重点生态功能区实施负面清单管理制度的时间短，在方向和内容方面都存在需要完善的地方，这就更需要从民众反馈中获取信息，有针对性地完善政务服务内容，建设新型服务体系，以保障重点生态功能区市场的良性运转。

第二节　重点生态功能区实施产业准入负面清单管理的制度框架

一、明确工作流程机制

（一）评估体系动态监管

在重点生态功能区制定产业准入负面清单的发展过程中，生态环境部明确强调对"两高一资"类产业要严格限制，对重点产业准入问题提出了指导性要求。各地相继出台负面清单，此类清单的制定指标应依据相应区域的特征，在高度掌控区域内生态环境、资源的前提下构建包括消耗资源程度、环境影响水平、土地利用率等多个指标的指标评估系统，同时还要对有关重点行业做出全面评估。从原则上来说，要将致使区域内环境和资源破坏严重、社会经济贡献甚微的产业纳入严禁准入范畴，而限制性行业则依据环境、资源的负荷水平、区域保护环境的要求以及目标、目前产业的情况等来做出决策，可选择单位产值（单位面积）的环境风险、能耗等一项及以上的指标，依据这些指标来判断是否将产业纳入准入负面清单中，并设定其限定范围，只要受限行业达不到以上指标的要求，则不予准入。产业准入负面清单落脚在于产业的结构调整，但其首要目标是生态环境的保护，因此指标的构建基础应是生态环境指标，同时将所需达成的任务目标转化为量化的标准，通过对上述指标建立量化体系，对功能区已有产业或意向进入产业进行评价管理，对符合要求产业积极引进，对不合标准企业采取整改或者淘汰的措施以确保功能区的绿色可持续发展。以地区指标为依据完成负面清单的制定之后，需要打造一个实时监管该清单落实的系统。就重点生态功能区而言，其产业准入负面清单应是多样性调整的、动态化的目录，应依据当地整个社会的产业发展和转型、片区内已有的产业数量波动、生态环境的资源变动等情况及时调整相应评估指标，再依据这些指标及时调整清单的内容，并对现有清单定期加以修正。

及时修订调整清单，有助于功能区未来产业的多业态化发展，要明确重点生态功能区并不是限制经济发展，而是科学发展、绿色发展、可持续发展。修订过程中应在国家发改委和生态环境部所下发的总领性文件的框架下，根据本地区经济发展、环境发展的实际情况进行科学调整，而不仅仅是在原有清单的基础上机械地增添削减，同时也需为本地区以后的发展留出部分规划空间。

（二）负面清单制度工作程序

产业准入负面清单是由国家到县级逐级向下动员，需要县级逐级向上传至国家，其遵循着"县市制定、省级统筹、国家衔接、对外公布"的工作机制。

在摸底研究阶段，县（市、区）人民政府相关工作人员需要进行产业准入负面清单的基础工作，如了解相关法律法规、熟悉当地产业情况，从而筛选出能够进入产业准入负面清单的产业，这种因地制宜的做法体现出制定负面清单的针对性，破除了之前无差别式的管理，使负面清单具备统一的格式却不失区域自身的烙印；在编制起草阶段，县（市、区）人民政府针对能够纳入负面清单的产业，根据《国民经济行业分类》进行细分，结合当地实际情况，将产业细分成限制类和禁止类的小类，分别对其提出具体的管控要求，按照国家给出的格式要求形成完整的产业准入负面清单和相关说明的文件。在统筹审核阶段，省（自治区、直辖市）国家发展改革委对县（市、区）提交的产业准入负面清单和相关文件进行统筹管理，及时督促各县（市、区）对提交的产业准入负面清单在广泛地听取意见并且进行修改完善之后，汇总上报国家发展改革委。国家发展改革委对产业准入负面清单形成审查意见，反馈至省（自治区、直辖市）国家发展改革委；在公布实施阶段，省（自治区、直辖市）发展改革委根据国家发展改革委给出的意见，对产业准入负面清单进行修改和完善，在征求省级人民政府的批准后，在省级和县级国家发展改革委的官网上公布，并将公布的负面清单上报国务院进行备案留存；在监督考核阶段，省（自治区、直辖市）人民政府和国务院会对各地的产业准入负面清单的具体实施情况进行动态监测，每年形成专项报告，确保产业准入负面清单在各个县域落到实处，具体流程如图6-2所示。

这种自下而上的形式，一步一步由县（市、区）到国家，减少了产业准入负面清单的随意性。虽然编制清单和落实清单的责任都在县（市、区），但这种形式将执行和监督的职能分离开来，使产业准入负面清单更加具备权威性和约束力。

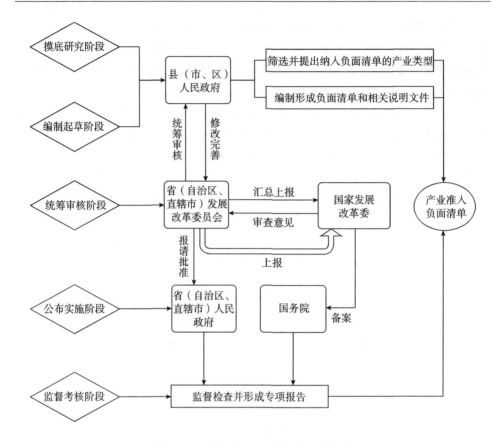

图6-2 产业准入负面清单的具体程序

资料来源：根据"重点生态功能区产业准入负面清单编制实施办法"绘制而成。

二、规范审批统筹制度

(一) 行政审批机制

传统的行政审批制度存在的问题主要有权力寻租、低效率、事务烦琐等。对此，党的十八届三中全会曾明确提出实施标准、统一的市场准入机制，在实施产业准入负面清单的前提下，市场对清单之外的行业是开放的，所有主体都有依法平等进入的权力。这一决定明确了负面清单在行政审批领域的地位，强调了负面清单在产业准入过程中的重要性。负面清单模式的实施，将原有的审批制度转变为备案制度，简化了审批流程，缩短了审批耗时，使行政审批过程更加公开透明，行政主体在执行自由裁量权时更加规范，减少了审批过程中"潜规则"行为的发生。从事前监管变为注重事中、事后监管，行政批复效率得到提升后，既加大了监管之力，也提高了审批的流畅度（唐晶晶，2016）。在注重事中、事后监管的基础上，审批部门要对重点生态功能区内的资源容量、当前区域内环境状况、现有开发状况等具体情况深入了解，以确保产业准入负面清单目录所规定的内容符合实际情况，契合区域内绿色经济发展。

（二）多部门统筹机制

在清单的制定实施过程中涉及国家、省、市、区县等多级政府，关系到政府服务、贸易投资、自然资源、产业结构、人口分布、社会环境等多方面因素，这对于各级政府及各部门的统筹协调都是巨大的挑战。从国家层面来看，负面清单工作以国家发展改革委与生态环境部的联合为主，工信部等九个部委共同参与审核，但各部门在具体实施中的工作内容互补有限，联合行动有待优化，部门协作衔接还需要完善（罗媛媛等，2018）。从各级政府的统筹任务来看，清单编制和落实工作责任在县市，省级层面主要负责对县市所上报的内容进行审核，审核主要任务在于对本省内生态环境以及资源禀赋相似的县市，其负面清单要保证"一碗水端平"，即应当具备协同性、可比性。同时省级政府起到衔接作用，省里进行统筹审核之后提交至国家进行再一步的统筹审核工作，完成编制的审查、核实相关工作，向国家上报，国家对省级层面所上报的内容进行审核并提出反馈意见，省级政府根据相关反馈意见进行修改，同时对于省级层面的再反馈也要进行审核，确认通过后再由省级层面进行发布。

多级政府的统筹协作，可以确保负面清单在符合国家总领性战略的基础上又可以契合本区域发展，使清单编制过程中更加科学严谨，减少了随机性。编制过程中县市要切实结合区域内生态状况、资源状况、产业发展状况再加以结合国家和省市层面对于功能区的定位及未来产业发展考量进行负面清单的编制。同时，县市在编制过程中应采取标准化的编码手段，为未来负面清单的数字化作出前置准备，为省级统筹创造条件。

值得注意的是，因自然环境地理区域的划分，同一个生态区可能位于多个省、自治区、直辖市之间，这就需要国家层面进行综合性的评估并提供解决方案，以防止出现同一个生态功能区内发展不协调。在重点生态功能区隶属于不同层级的政府管制时，多级政府所出台的不同负面清单针对性内容要大体相似，不可以出现同一地区不同级别政府要求不同，差异过大，以此来确保负面清单整体的协调性，增强其可操作性、可比性，防止畸轻畸重。

（三）商事登记制度

自党的十八大以来，党中央推动商事登记制度改革，目前商事登记制度改革已取得明显成效，"证照分离"的形式使企业的注册更加便捷。目前从全国范围来看，海南自贸区的商事登记制度走在了前列，因此在生态功能区实施的商事登记制度可以参照海南岛的制度。海南岛制度的创新点在于在"一网通办"的模式下同时采取了"全岛通办"的形式，通过电子平台申报与注册官审核相结合的方式实现了"登记注册不求人"与"一次都不用跑的形式"，因此各省也可以建立自己的"一网通办"平台为功能区内市场主体的注册提供便利。此外，海南自贸区解决了企业注销难的问题，将允许企业选择简易注销程序和一般注销程序，简易注销程序仅需在信用信息公示系统公告7天。在功能区出台负面清单模式下，注销程序极为重要，这关联到不达标企业能否可以快速退出。

从全国商事登记制度改革的经验来看，这一制度还有部分问题仍然需要关注。例如，"准入不准营"的现象，让企业因为种种原因无法正常运转，产生经济效益，这意味着宽进严管、协同共治能力仍需强化，寻求准入与监管之间的均衡。因此重点生态功能区需吸取相关成熟经验，出台新的深化"放管服"改革的举措。可借鉴深圳罗田的优秀经验，将产业准入负面清单在政务网等公共平台公示，同时在相关政府窗口免费发放，增加宣传力度和宣传方式，使功能区内企业明确清单要求，按照清单进行自我检查，针对不符合要求的积极整改或者另行选址，以确保企业在合规经营的情况下自身利益最大化，避免因为信息不对称而触碰生态红线，造成不必要的投资损失。另外为加强网上平台的使用，可以出台认可电子签名等同于纸质签名的措施，使网上办理可以切实落到实处。此外，后续的管理服务也可以进一步跟进，如针对未进行环保审批的企业可以通过短信提醒、电话告知等形式进行督促。

然而必须注意的是，在方便企业商业注册、登录的同时，也应强化对事中、事后阶段的监管。目前商事登记制度所采取的是认缴式注册制，相关部门需加强监管，以防止虚假出资，并加强对未核实住所的检查。对于企业所出具的年度报告，商事登记等文件，可采取商事登记联络员制度由专人进行保管与审核。此外，也可以与第三方机构进行合作来进一步进行监管。

三、强化监督管理机制

对审批机制的调整，导致监管制度也发生了变化，从过去的监管事前阶段变成了现如今对事中和事后阶段的监管，基于此，相关主体进入市场以后，监管部门应实施监管与网络相结合的模式，提升收集相关工作信息的效率。并且建立日常化监管机制以及重点监管清单机制，规范事中事后监管目标，使监管过程更加连续化和精准化，以达到监管所需目的。

（一）事中监管机制

事前监管主要依据现有法律法规及相关规定进行审核，而事中监管不确定性较多且并未形成体系，因此事中监管相较于事前监管而言复杂度更高。而关于企业落实负面清单的情况，则应实施事中监管，需将生态红线清单、对地观测遥感情况等分散于多个部门的数据加以整合，通过当地企业的生态保护考核标准、环保技术指标等定期进行抽查检测，或者委托第三方社会化机构加入，加大对生态环境检测结果的深度与精度，从而达到加强对当地企业的评价与考核工作的目的。同时，根据检查结果超标与否判断企业是否符合维持生态环境现状的要求，对企业的后续检测情况做出评价分析，可以建立变化分级标准，按照变化值大小分为变好、基本稳定和变差三个等级，同时将变差、变好再次细化成"明显""普通""轻微"三种类型，形成了三等七类的考核标准①，通过这个标准，更加准确地掌握当地企业发展与环境生态的相处关系与趋势，为政府监管提供有效依据，进一步推动政府职能转变进程。尽早发现实施负面清单时发生的问题以及落实不到位的地方。然而现如今，上述各种数据分别归属于水利、林业、环保等多个部门，因有关统筹制度至今尚不健全导致整合数据的难度极大，这一方面加大了监管的难度，另一方面也导致开发管控国家重点生态功能区土地空间相关工作的展开受到了限制。

综上所述，事中监管的有效推进需要多部门统筹建立统一的信息监管平台，同时建立风险预警以及风险综合指标评价体系，一旦有市场主体达到风险预警线，就可及时提醒，避免触碰到负面清单。同时，为促进监管公平性，监管主体的多元化也是重中之重，一方面引入第三方机构可以使监管过程更加公开透明，另一方面有针对性地选择第三方机构也可以弥补政府部门对于部分产业的专业性不足（高凛，2017）。

（二）事后监管机制

事后阶段的监管主要是依法惩处、稽查执法（李维安，2015）。从监管角度来看，在负面清单模式下，审批阶段即市场准入阶段，市场主体仅需经过核准或备案，审批阶段的便利化倒逼行政机关准入后监管成为长效化机制，一旦有不符合条件的情况出现，行政机关应行使强制权责令其改正或使其退出（唐晶晶，2016）。此外，事后监管还应纳入反馈机制，开放投诉举报渠道，使信息的获取更加多样化，通过设立窗口定期受理群众向政府提供对"负面清单"管理制度反馈与意见，更好地掌握负面清单管理模式的落实情况。将政府、社会组织、媒体与群众等监督力量整合统一，构建多元化的监管机制，增强对重点生态功能区监管体系建设的实质性与时效性。同时也要与相关企业建立回访机制，确保落实生态功能区内科学可持续地发展。执法机制和反馈机制的落实使得事前监管转变

---

① 加强考核监管，助力国家生态安全屏障构建——关于《加强"十三五"国家重点生态功能区县域生态环境质量监测评价与考核工作》[N]．中国环境报，2017-05-01（003）．

为事后监管，并且与事前监管模式相比，事后监管模式除更加科学有效之外，还能体现政府行政效率的提升。

四、完善社会信息公开机制和信用激励惩戒机制

完善社会信誉系统，以该系统为中心尽早建立监管市场的新制度，这对政府职能转变、简政放权的深化有利，还能够营造更诚信、公平的市场氛围（单英杰，2015），另外，完善的社会信誉系统还能够促使负面清单模式下的事前监管渐渐转向对事中、事后阶段的监管（张焕波，2016）。而完善社会信誉系统的关键在于制定并完善失信惩处和守信奖励制度。

（一）信息共享机制

上文提到目前在进行监管时由于信息分散在各部门难以进行整合统计，因此需要各级政府及多个部门协同参与，把管控环境空间红线与专项产业规划、城乡规划、土地总体利用规划、社会国民经济发展规划相结合，使管控各类规划空间的红线更高效地衔接在一起，针对国土、水利、发改、城管等多个部门就管控生态环境的空间构建并健全信息共享制度（陈安等，2019）。

健全该制度的优点主要有三点：一是能够使市场各主体的竞争、经营行为更加透明、公开，该制度的构建能够促使越来越多的市场主体参与进来，从而减少市场交易成本，增加市场活力并且也有助于减少权力寻租的风险，从而可以使资源得到最优化的配置；二是打破了政府各部门之间的信息孤岛，当各部门实现信息共享后，其协作监管能力会得到显著提升，提升了监管效率，增加了监管的科学合理性与全面性，也可以为事中事后监管提供了可保留的明确依据；三是可使信息监管体系兼具各区域独有的优势，进而使其监管能力得到提高，使监管方式得以创新（刘耀，2019）。

（二）信息公示机制

信息公示机制的建立本质上需与社会信用体系进行联立，通过信息公示来构建社会信用体系的基础，为社会信用体系提供支撑和认证。2014 年上海自由贸易试验区创新地构建了企业运营异常汇报机制、企业年度汇报机制，各家企业在上半年（1~6月）经认证电子身份成功登录上海市工商管理局官网的企业信息公示系统对上一级工商管理局汇报之后，再向社会披露，自此，所有单位、个人皆可经由该官网对其信息进行查询。该企业的注册资本，企业相关信息都可以被查询到。这样实现全国大联网，将企业的信息状况进行实时记录和更新，这样也方便其他部门进行监管。这一制度带来良好的效果，因此重点生态功能区在设置信息公示机制时可以借鉴上海自由贸易试验区的成功经验（张焕波等，2017）。

另外，信息共享工作的推进同样需要信息公示机制。为使该工作得到落实，

对于各个部门公示信息的详情,应安排单独的或者上一线监管部门予以检查。除实行公开定期检查的形式之外,还应实施多种形式的检查,以规避有关部门发生平日不共享但检查期监控时则积极上传的现象发生。不仅如此,监管部门还应分析总结每次检查后的情况,针对信息公示情况不一的企业设定相应的检查频率,如此方能借助信息使监管效能得到全面提高。

(三) 守信激励机制

守信激励机制是行政机关根据相对人的公共信用记录与评价,对守信行为进行不同程度的奖励措施[①]。相较于失信惩戒机制而言,守信激励机制由于具备正向性,因此其更加积极有助于正面引导。其具体激励措施包括优先类;绿色通道类简化手续类;社会荣誉表彰类;优惠政策类等。通过进一步归纳总结可大致将守信激励归为三类(吴太轩和谭娜娜,2021):

(1) 特殊待遇型信用激励。其主要措施有减少抽检、简化手续、缩短时间等,此类激励主要是通过行政"绿色通道"的形式给予企业激励。

(2) 特殊荣誉型信用激励。此类激励主要是进行社会荣誉表彰,"声誉"上的激励可以使企业获得精神层面的满足,同时作为社会的正向引导也有助于企业进行宣传。

(3) 减少成本型信用激励。此类措施主要在于进行税收方面的优惠以及其他减免优惠措施如提供"守信贷"等优惠税率产品,通过为企业实际减少成本对企业进行激励。

激励机制的运行需要注意三点:一是各部门单位要注重联合,合力为守信主体进行联合激励,这样更有助于守信氛围的传播;二是要完善有关立法,使信誉资料的公开得到法律的保护;三是要提升信息公开透明度,对于守信评价不仅要引入第三方监督机构,也需要建立反馈机制倾听市场的声音。

(四) 失信惩戒机制

失信惩戒机制是行政机关根据相对人的公共信用记录与评价,对失信行为进行不同程度的惩戒措施。失信惩戒机制的建立有助于信用经济发展,促进市场运营良好秩序的形成,同时也是对守信者的一种维护。失信惩处以金融、市场以及行政方面的约束等为主,以下五个是对这方面的概括性阐述(湛继红,2008):

(1) 行政性惩戒,如政府综合管理部门对于失信主体采取限制新增项目审批,控制生产许可证发放,禁止其进入特许经营产业等限制措施。

(2) 监管性惩戒,其实施主体是政府监管主管部门、政府综合管理部门。

---

① 吴太轩,谭娜娜.制度嵌入与文化嵌入:信用激励机制构建的新思路 [J].征信,2021,39 (3):9-17.

例如，对信誉从好到差进行 A、B、C、D 四个评级类别划分，对于 B 信誉级别的企业，工商局实行的是案后回查、着重审查其注册登记资料和年检资料、将其违法记录公开等具有警示作用的机制。在招投标方面，政府招投标管理局可提高企业准入门槛，或者将失信个体、企业排除在外。对于 C 信誉级别的企业，例如，抽逃注册资金、提供虚假资料等情况，有关部门可提高抽检频次，重点监管其年检，并将违法记录公开等。对于 D 信誉级别的企业，可实施的措施主要有将其营业执照吊销等。

（3）市场性惩戒，其实施主体是社会服务组织、商业和金融组织。对于守信主体进行贷款税率上的优惠，对于失信主体增加税率或者禁止其申请贷款。同时对于失信主体，也应限制或者禁止其参与金融市场活动，如进行融资或发行债券。

（4）信誉信息经大量传播所产生的社会性惩戒。通过采取公开的形式使失信主体还要接受道德上的谴责，同时行业内部也可以对其加以限制（于明霞和高艺格，2017）。

（5）司法性惩戒，其实施主体是司法部门。对于严重失信并涉及民事责任的及时依法追责，对其进行行政拘留或拘役的处罚。此外，对于失信个体、企业，法院下达严禁其入住星级宾馆、乘坐飞机和高铁等各种惩罚性措施。

对于失信主体，我们需要建立两条信用修复机制：一是对惩戒期限应加以规定，对于惩戒期限内仍无改善的失信主体采取加重惩罚力度、延长惩戒期限的形式；二是对于已在期限内完成自纠并修复了不良影响的主体，也应支持其采用社会公益等形式修复其个人信用，支持其守信的权利。

五、稳定财税保障制度

（一）转移支付机制

现如今，针对重点生态功能区的建设与发展，政府提供的纵向转移支付策略是国内主要生态补偿手段，它分为省级之下的转移支付、国家对地方的转移支付两部分。横向的转移支付作为补充机制缓解中央财政压力，但受限于操作层面的限制，例如，财政资源的再分配，导致实际应用较少。

对于现行的转移支付机制，就负面清单部分而言，实行的是铜币激励策略，然而从逻辑上来讲，此种做法易激起负反馈效应，如果导致负面清单实施不力的原因就是财政支持不足，那么负向激励只能造成恶性循环。在目标方面，负面清单机制与转移支付机制两者并不完全一致，即负面清单在本质上也是为了促进区域发展，然而当下实施的转移支付措施是对生态环境保护不足部分的弥补，却忽视了它还应起到促进生态产业发展的作用。因此转移支付的机制要做出调整：

首先，要明确资金的性质不仅只是恢复生态，更应该是发展性质的资金。同时，负向激励措施也应做出改进，财政上支持的减少不仅无助于区域内生态环境的改善，反而可能会造成更大缺口，进而导致来年资金再少，如此恶性循环不仅不利于发展，长此以往还会对当地生态造成重大影响。对于这一现象，应该保持原有的政府转移支付力度不变或者加大力度，将负面清单制度具体落实情况进行量化，纳入政绩考核标准①，对于执行效果好的区域负责人给予政治晋升上的优待并加大转移支付的力度，而对于执行效果差的区域负责人应该给予政绩上的惩戒。

其次，应优化转移资金的总量及测算方法。就现状来看，纵向的转移支付仍是配合重点生态功能区产业准入清单实施的最佳财政手段，因此转移支付机制本身并没有问题，但需要对其进行优化。应采取以下两项措施：一是目前转移支付资金的总量较低，这可能与我国目前对重点生态功能区进行转移支付这一财政政策实施时间较短有关，但如果要推进功能区的快速转型，转移资金总量仍需进一步增加。二是转移资金的测算方法也值得商榷，上文提到应深刻认识到转移资金不仅只是恢复性质的资金，更应该是发展性质的资金，而目前的测算主要聚焦在财政收支缺口，但也应对产业布局的发展做出前瞻性的调整工作，这离不开资金的支持，同样对于不符合功能区建设的产业在退出时是否也应加入补偿方面的考量。

最后，对转移支付资金进行统筹管理，增加其对于生态功能区产业准入的针对性（许光建和魏嘉希，2019）。目前我国对于保护生态环境之类的转移资金并不只有生态功能区转移资金，还有部分财政类的转移支付资金同样具备此类性质。因此，将相关转移支付资金进行统筹管理，创设一个完整的、全面的、有针对性的财政资金分类体系，对于生态功能区的持续发展来看将是更科学的做法。

（二）税收政策

在我国现行的税收制度体系中，生态补偿税或生态税并非独立的一个税种，与生态环境保护有关的税收政策笼统地出现在资源税、增值税、消费税、企业所得税、城镇土地使用税、城市建设维护税等税种与生态相关的条款、规定中（许光建和魏嘉希，2019）。鼓励资源综合利用，税收作为政策工具可以通过再分配从而进行生态补偿，从实际效果出发这将是最稳定以及最有保障的资金来源。在负面清单模式下，出于对未来战略发展以及对生态环境的影响，可以考量对不同

---

① 许光建、魏嘉希．我国重点生态功能区产业准入负面清单制度配套财政政策研究［J］．中国行政管理，2019（1）：10~16.

企业实行相对差异化税收标准以此来达到绿色发展的目标。例如，对从事环境保护的企业给予享受更多项目的税收优惠，不断去更新、优化符合规定的优惠项目，同时，对于所上缴税收可以进行生态补偿，另外也可以弥补在负面清单模式下当地居民或者企业由于升级或只能退出而带来的经济损失。

环保税作为我国在推进生态文明建设中设立的综合税种，是在经济发展的过程中保护生态的重要工具。用绿色税收政策保护生态，可以有效解决排污费征收过程中执法刚性不足、存在过多阻碍因素的问题。应采取以下三个方面措施：一是因为税收本身具有强制性的特点，可以降低拒缴、漏缴、故意拖欠等现象出现的可能，解决排污费征收难的问题，降低政府的征管成本；二是税费依法征收，用法律手段保护环保税征收工作的正常进行，增加了腐败的风险成本，在一定程度上减少了出现制度性腐败的可能；三是环保税有正向的激励作用，税收标准是固定的，企业要想合理地降低税务在经营成本中的占比，就需要控制排污量，通过税收让企业增强节能减排的意识，承担相应的社会责任。因此，环保税应该以"多排污多征税，少排污少征税"为原则，以污染物排放量为依据，对排污浓度低于排放标准一定比重的企业给予减税优惠，有效平衡环境与经济发展之间的关系（王萌，2009；靳东升和龚辉文，2010）。

本章小结

在全面推进深化改革的进程中，对经济变革成功与否的关键在于是否能够均衡政府与市场之间的关系，针对重点生态功能区制定适宜地方发展的产业准入负面清单是在负面清单管理制度落实与政府职能转变中面对的一个难题。本章从两部分进行问题分析：第一部分针对负面清单制定和政府职能转变，描述重点生态功能区制度变革中应调整和注意的事项。首先从明确产业结构调整方向、充分调研区域生态特色、增加区域负面清单协同性等方面阐述如何科学设置产业准入负面清单；其次提出在法律法规体制及配套制度上可以完善的内容；最后从强化服务意识着手，针对改变思想观念、创造廉洁服务环境、增强社会公益服务、建立培训考核机制、设立服务反馈机制等方面详细阐述，为构建服务体系、提升服务水平提供理论依据。第二部分主要从工作机制、审批体制、监管机制、信息公开、社会信用激励惩戒机制以及财税机制等方面论述了政府对重点生态功能区产业准入负面清单管理的制度框架。

第七章 国内外负面清单管理模式比较与借鉴

在国家重点生态功能区推广实施产业准入负面清单管理模式，不仅是从治理体系和治理能力入手，推进国家制度在现代化建设过程中的创新，也是全面完善主体功能区生态保护制度的有效举措。我们需要在确保区域资源良好的前提下，科学准确地完善产业结构，同时依托天然环境有利因素，发展能够彰显地方特色的生态产业，让产业经济和生态环境相互结合、依存。因重点生态功能区发展具有差异，各地如何结合现有制度及生态发展规划制定切实可行的负面清单管理模式是值得商榷的。根据 2015 年国家发展改革委关于重点生态功能区实施相关制度通知中的相关要求，各地及时做好区域内涉及企业的关停迁出、整顿升级工作，引进符合区域生态发展要求的企业。本书主要通过分析国外负面清单管理模式以及国内现行负面清单相关制度，探究其发展变革和逻辑并进行比较与借鉴，有助于发现和解决国家重点生态功能区产业准入负面清单制度推进工作中遇到的困难和阻碍，确保清单的制定和完善，进而顺利在各个重点生态功能区落地实施。

第一节 国外主要发达国家和地区实施负面清单管理的经验和教训

近年来，随着负面清单模式在全球的盛行，其高度市场预见性、可复制性、高度透明、容易推广等特点日益凸显。负面清单对于部分敏感产业或起步较晚尚不成熟的产业可以禁止或限制准入，而对清单以外的则皆看作"法无禁止即可为"，在保护自身利益的基础上尽可能地实行自由开放的策略。现今，在国际经济贸易合作中实施"负面清单"管理模式已经逐渐成为国际上制定市场准入协议的大势所趋。我国在对外开放过程中进行"负面清单"模式的研究比较晚，经验尚浅，尚待完善的地方诸多。因此，需要对当前部分发达国家和负面清理模式实施较为成熟的地区进行深入研究，并结合我国特色社会主义制度理论体系，汲取国外较成熟的经验，探索出能够适应我国重点生态功能区的负面清单管理模式，并为之提供经验借鉴。

一、美国：范本为基，北美自由贸易协定主导南北经济发展

在 19 世纪德意志关税同盟签署贸易条约时，负面清单模式问世，是最早的具有负面清单的条约。受"二战"的影响，全球经济低迷，在此期间，美国经济反而加速增长，为了保证马歇尔计划顺利进行，美国陆续与世界各国签订综合性的友好通商条约，通过逐渐实施海外投资保险制度、投资保证协议等方式对其他国家进行贸易投资。1953 年，美国与日本签订友好通商条约，在正文条约中对公共事业、造船、空运、水运、银行等行业的列举，对美国商人在海外的投资实行保护，形成了早期国民待遇的负面清单（郝红梅，2016）。自 20 世纪 80 年代以来，美国在与其他国家签订双边投资条约时使用负面清单模式，如 1982 年美国与埃及签订的双边投资条约，负面清单出现在附件列表中，将例外行业单独列出来阐述，优化了之前只是出现在正文条约中这一形式，这时的负面清单模式正式成型。

自此之后，在美国对外签署的一系列自贸协定中，普遍运用负面清单模式，其中，美国、加拿大、墨西哥三国于 1992 年签署的《北美自由贸易协定》（NAFTA），对美国对外贸易投资的发展影响最大，在 1994 年正式生效后被世界公认为是负面清单模式的典范（王翠文，2020）。北美自由贸易协定是由美国、加拿大两国原先签署的双边协定演变而来，一般而言，当签署区域贸易协定时，形成区域经济组织的个体之间差距不会很大，但是北美自由贸易协定中的三方，美国、加拿大属于发达国家，墨西哥是发展中国家，三者无论从政治文化角度，还是从工业经济发展角度来看，实力悬殊都是很大的，这样的组合在贸易协定发展的过程中几乎没有。在贸易协定中，"负面清单"以"不符合措施"表述，主要分为两大类：一类是表述不符合措施条目的措施清单，另一类是表述保留采取不符合措施相关行业的行业清单，虽然在内容上并没有明确出现"负面清单"四字，但在内容上明确列出了限制条例，符合负面清单模式。三国通过最惠国待遇、消除关税贸易壁垒、增加投资机会、程序透明等方式促进三国之间的贸易合作，三国之间相互遵守协定规则，共同营造公平竞争的环境。例如，在税收问题上，有关原产地的规定相对是比较严格的，从原材料、加工等方面对纺织品、汽车、电子产品等重要产品进行明确界定，避免其他国家通过转运的方式"搭便车"，保护三方产品享受关税优惠的权益；在农业问题上，因为争议比较大，所以并没有三方共同签署，而是两两之间磋商签订相关内容。

美国双边投资协定范本也基本沿用了北美自由贸易协定的结构。目前，美国以其双边投资协定范本为基础，谈判、签订40多个（BIT），缔约方多数为发展中国家和不发达国家，部分协定签订后还没有进入实施阶段，如与海地、俄罗斯、白俄罗斯等国签订的协定。继1982年、1994年、2004年三个版本的协定范本后，为了适应金融危机后美国金融业的巨变以及国际投资趋势的变化，2012年再次发布了修改后的第四版范本，限制类条款从一开始穿插在协议正文条款中，到形成单一附件，再到发展为多个附件的方式，负面清单模式一直在完善。此次修改，负面清单在原来两类附件基础上，针对金融服务行业专门增加了一个附件，单独将金融服务业相关限制条例列出来（周天慧和高凌云，2020）。增加后的负面清单扩大了协定的约束范围，内容更加翔实，具有高透明度。例如，对国有企业、政府授权做了明确界定；对劳动法的适用对象、适用范围有所扩大；强调了缔约双方在环境保护上应有的法律和政策以及劳工保护等事项；新增了缔约双方定期对改进有关投资的法律和决定的公布（第10条）、透明度（第11条）和仲裁程序的透明度（第29条）规定了透明度实践方式进行磋商。同时，协定在负面清单中对签署双方的权利义务做出要求，规定任何一方在修改或者变更不符合措施之后，尽可能避免不可抗因素，在变更生效前及时以书面的形式通知对方，并且变更方有义务对修改或变更做出详细解释说明，满足对方的要求。在协定中将不符合措施明确列出，阐述清楚，对协定使用者来说透明度较高，易实施，并且为各国之间的贸易往来提供便利。

随着经济的高速发展，制度变革也需要紧跟时代发展的步伐，2018年11月30日，美国、加拿大、墨西哥三方领导签署了新的贸易协定-美国、墨西哥、加拿大协定（USMCA），并交各自国会进行批准，随着2019年12月19日美国国会投票通过，美国、墨西哥、加拿大三国协议生效的最大阻碍被清除，次年1月29日，美国总统唐纳德·特朗普在美国、墨西哥、加拿大协定上签字，至此，（NAFTA）被新贸易协定取而代之（王翠文，2020）。新的协定保留了原协定的框架结构，对汽车、卡车、货币交易等其他产品所规定的原产地规则做了变更，为工人群体提供了更公平的市场竞争环境和贸易平台；在市场贸易投资中，加强了北美粮食产业和农业两个产业的现代化，农牧民和企业从中获益颇多；在对中小企业的权益保护方面，针对知识产权、数字经济贸易、预防腐败工作、建立健全监管机制等进行要求，最大限度地给中小企业投资者提供适宜的政策支持。美国、墨西哥、加拿大协定，在创造平等互利、合作共赢上提出了更高的标准，有利于促进北美经济向更高的水平发展（张生，2019）。

无论是签署（FTA）还是签署（BIT），美国除在附件中运用负面清单的形式以外，将分散于国内法律制度中不一致的内容列出，在正文中也对例外条款、重大安全条款、商品的国民待遇和市场准入、税收条款等条款进行约束。在国内采取法律法规和安全审查制度对外资所在行业管理，在国际上采取"不列入即开放的模式"（聂平香和戴丽华，2014）。美国签署的（FTA）形式上虽然与（BIT）不同，但实质基本一致。综合来讲，美国同各国签署（FTA），综合考虑经济改革、政治稳定、知识产权保护等因素，以负面清单模式为对外贸易交流的核心，同时实施准入前国民待遇，吸引外商资本进入投资，规范国际经济发展，推动贸易开放。

二、日本：差异化策略，保护敏感产业

20世纪90年代，随着经济全球化的发展，签署自由贸易协定作为一个贸易政策工具，被越来越多的国家在对外贸易投资发展中采纳。在经济发展的大环境下，日本改变"二战"后一直实施单一的多边主义贸易政策和关贸总协定，进入了区域合作的发展阶段。在全球使用负面清单模式的贸易环境下，日本也紧随潮流，在签订双边投资协定中广泛运用。日本在设立负面清单时，更注重结合自身经济产业布局，例如，在外资参与本国国有资产处置权、航空、电信、运输等较敏感的行业时有针对性地设置保留措施。同时，在互惠的前提下，对外商在本国的土地所有权和租赁等事项制定了保留措施，在设置清单内容上比较灵活，体现了较高的灵活程度和对本国产业的有力庇护（张磊，2014）。

日本在早期制定负面清单时通常会针对不同缔约国的投资贸易协定，采取差异化的负面清单策略。如2002年日本签署并生效的首个区域自由贸易协定，《日本-新加坡新时代经济合作协定》，因为两国农产品贸易交流在全部贸易交流中占比很小，所以在新日自由贸易协定中，首先日本解除了部分对农业的限制，其次由于新加坡与日本经济悬殊较大，新加坡经济实力较弱，协定在金融服务业、电信服务业、海洋运输服务业等也并未设置过多限制，最大限度使双方贸易自由化，如此大的自由程度在之后的协定中没有出现。这些差异化内容的存在，能够让日本在保证协定完整性的同时，结合自身经济发展及产业结构，最大可能地保护本国经济发展。

除此之外，日本早期负面清单对内容设置采取了弹性化策略。日本在签署时通常根据本国目前所处的经济发展阶段和对工业产业结构的发展规划，采取保留部分产业对外开放的措施，保护本国经济稳定发展，如补贴、国有资产处置权、土地所有权、租赁、公共垄断等。在2003年日本与韩国签订的投资协定中，负面清单列表将日本限制产业分成两个大类，并且针对部分产业规定了"停止"机制（Stand-Still）和"四环"机制（Roll-Back），这两种机制主要是对缔约方"不符措施"的减少、修改、新增等变动的范围进行明确，在日本与秘鲁、日本

与越南签订的双边协定中也使用了这种模式，负面条款基本一致（郝红梅，2016）。在日本与马来西亚签署的贸易协定中，明确规定如果缔约方出现经济、产业或金融发展处于特殊时期，可以经过磋商，使用与国民待遇、最惠国待遇等不相符的应急措施。正是日本在对外签署贸易协定时弹性化的策略，一定程度上开拓了日本与马来西亚之间的经济贸易市场（马久云，2017）。

随着日本"负面清单"管理模式的发展与成熟，日本在双多边自贸协定中的外资准入负面清单形式与内容基本固定，截至 2020 年底，日本共签署 20 个（FTA），已生效的（FTA）有 18 个，其中有 13 个列明负面清单（舒昱和陈玉祥，2021）。在实际生效的（FTA）中（CPTPP）是较为特殊的一个。2017 年1 月，美国总统签署了行政令，宣布美国正式退出跨太平洋伙伴关系协定，追求与其他国家签订双边投资协定。面对全球最大经济体的突然离场，日本选择扛起重担，着手牵头其他的 11 个国家商讨继续推进（TPP），经过多方洽谈最终达成了新的共识，除美国之外，原成员国重新签署了新的协定——《全面与进步跨太平洋伙伴关系协定》（CPTPP），于 2018 年 12 月 30 日正式生效（贺平，2018）。新协定中针对原 TPP 的条款保留进行删减，删除了与知识产权等内容相关的 20 项内容，对原协议中的条款保留数量超过 95%，总共 30 章内容，覆盖了国民待遇与市场准入、贸易投资、贸易技术壁垒、环境保护与劳工标准、生态系统、政府采购、卫生措施、金融服务、商业促进、监管一致性等世界贸易组织关注的议题，并且汲取了现行的协定有关负面清单模式的经验，在新协定中，以两个负面清单附件对现有的各成员国之前采用的不符措施进行延续及更新，同时规定各成员国之间相互承诺在未来不会再拓宽对现有不符措施的限制程度，保证目前的开放水平，不相互增加贸易壁垒，同时，各成员国应当将需要保留的部门或行业列举在清单中并说明缘由，既在透明度上提供保证，也在形式和内容上进行完善。

CPTPP 作为 21 世纪最具有综合性的自由贸易协定，其在所有成员服务贸易和投资方面采取全负面清单模式，极大地增加了在贸易投资市场的开放度和自由度，加深了各国之间依存关系，有利于推进亚太地区经贸投资一体化（樊莹，2018）。

三、欧盟：区域保护色彩重，加快欧洲一体化

欧盟，由欧洲共同体发展而来，其成员国对外签订的投资保护协定数量众多，在已生效的协定中占据半壁江山，历史悠久，影响范围广。早期"欧式"投资保护协定以正面清单模式为主，普遍对外资在本国开展业务的法律权利和义务重视度不够，对准许投资者进入市场的条件没有明确规定，同时也基本不涉及对准入前国民待遇的描述。如欧盟与韩国签订的自由贸易协定，含 15 章内容、3 个备忘录、1 个联合公告，协定条目覆盖了韩国与美国以负面清单模式签订的

协定的各个领域，在目前欧盟签署的协定中，涉及范畴的广泛程度也是数一数二的，但采用的是正面清单。随着国际贸易形式的变化，国际经济的快速发展，国际投资规则的重新塑造，欧盟在签署贸易协定也逐渐转变，开始使用"美式"负面清单的模式，2007年欧盟非正式首脑会议结束了从2001年提出的制宪进程，解除了欧盟的制宪危机，并且会议探讨通过新的《里斯本条约》，这个新条约对欧盟的决策组织结构调整巨大，2009年正式生效，推进了欧洲一体化的进程。改革后的欧盟在决策效率上的提高显著，促进了与其他国家签订多边协定的机会，2012年欧美联合发表的国际投资"七条原则"，着重强调了对市场准入、准入前和准入后国民待遇，此后欧盟签署时也开始遵循准入前国民待遇原则，2016年生效的《欧盟—加拿大自由贸易协定》（CETA），负面清单首次在欧盟作为单一主体签署贸易协定中出现。

综合性经济贸易协议（CETA）的签署，主要目的在于降低欧盟和加拿大之间高额的关税壁垒和其他贸易壁垒，减少双方之间的贸易成本，同时，也是为了维护欧洲在食品安全、工人权力和环境等领域的高标准，保障市场秩序和产业生态环境（陈晶，2019）。负面清单模式除了运用在协定附件中列出不符措施和行业，在正文条款中也出现很多，例如，第三章贸易救济措施中规定《原产地规则和原产地程序议定书》不适用于反倾销和反补贴措施，同时不受第二十九章争议解决的约束；第四章技术性贸易壁垒将政府采购排除在适用范围之外；第七章补贴不包含对欧盟的音像服务和加拿大的文化产业；第八章投资列出例外条款，对本章市场准入、国民待遇、最惠国待遇、高级管理和董事会、投资保护等进行例外情况说明；第九章跨境服务贸易在市场准入范围中将金融服务、部分航空服务等排除；第十四章国际海运服务列出保留条款；第二十章知识产权相关部分详细阐明了防止侵犯知识产权的程序，并在药品、商标、设计版权、数据保护、植物品种等方面界定了双方可以进一步合作的领域，保护了作为欧洲地理标志的143种高质量农产品。对欧盟而言，有的不符合措施仅在某一个或几个成员国实施，有的在所有成员国实施；对于加拿大来说，除针对联邦政府"不符措施"负面清单之外，各个地方政府针对外资的监督管理设计了适合地方经济发展的特色负面清单。实践证明了（CETA）投资规则的实用性和高效性，（CETA）投资规则作为欧盟商谈的范本，提高了欧盟和加拿大贸易便捷程度，让加拿大为欧盟企业开放商品、服务和公共采购市场，提供贸易平台，给欧盟中小企业创造了相对公平的竞争环境，同时在保护劳工权利和环境提供法律保护，防止在环境或劳工标准方面出现恶性竞争的风险，确保贸易可以健康持续地发展。

通过对以上几个发达国家的情况来看，欧美发达国家的负面清单管理模式具有一定的相似程度，在具体行业范围和相应的"不符措施"限制程度上相对较小。除了美国和欧盟以外，比利时、法国等国家直接全行业对外开放，未设置任何的限制措施。而日本等亚洲国家则根据自身特点量身定制适合自己的负面清单，以实现最佳的自我保护。例如，日本无论是早期相对自由、弹性化的负面清单内容，还是后期基本固定且可复制程度较高的负面清单内容，始终保持对第一产业的保护与限制，究其原因在于各发达国家的地理位置、自然资源、法律体系等多种条件造成的差异性需求。

第二节　上海自由贸易试验区负面清单管理的经验和存在问题

改革开放后，我国经济体制从原来的计划经济转变成市场经济，通过市场机制进行资源配置，在经济新常态环境下，中国面临着更多的机遇与挑战，全球经济结构呈现出新要求、新高度，2013 年 8 月 22 日，经国务院正式批准，中国（上海）自由贸易试验区（以下简称上海自贸区）设立，作为中国第一个区域性自由贸易园区，是我国在对外开放的进程中迈出的重要一步，顺应全球贸易自由化的趋势。2013 年 9 月，针对上海自由贸易试验区管理的负面清单出炉，正式确定了上海自由贸易试验区以负面清单模式进行外商在园区经济贸易投资活动的管理，随着自贸区不断地发展完善，为了适应上海自贸区对外开放的需求，上海自贸区负面清单经历了多次修订，在原清单的基础上，对条目进行必要的删除、修改或合并，化繁为简，并且适当增加要素明确限制事项，提高清单落地实施的便利（欧伟强，2019）。经过多次修订，负面清单条目趋于完善，为了检测自贸区负面清单的可复制性和在其他地区的可实施性，2016 年 10 月 1 日，在全国范围内对自贸区进行负面清单管理模式进行试点推广。至今，自贸区负面清单管理模式仍在不断修订完善的过程中，内容中开放领域不断扩大，力求营造公平竞争的市场环境，进一步推进我国对外开放战略。

一、上海自由贸易试验区负面清单管理制度发展现状

为了适应国际经济贸易规则的动向，顺应世界贸易组织改革，确保我国在对外贸易开放的同时稳定国内经济可持续发展，同时也为了满足中美战略与贸易谈判的需要，接轨国际贸易协定普遍使用的准入前国民待遇和管理模式，我国开启了自贸区试点工作和对外贸易负面清单制度改革。2013 年 9 月 29 日，中国（上海）自由贸易试验区挂牌成立，涵盖四个海关特殊监管区域：上海市外高桥保税

区、外高桥保税物流园区、洋山保税港区和上海浦东机场综合保税区，面积共为28.78平方千米①，上海自由贸易试验区的成立是我国运用制度创新推动改革的重要举措，次日，我国第一份外资负面清单《中国（上海）自由贸易试验区外商投资准入特别管理措施（负面清单）（2013）》问世，这份清单带领着我国对外贸易引进政策进入了新的征途。清单包括190条特别管理措施，在内容上对18个行业门类进行了细分限制，从大类、中类到小类描述到具体产业，限制范围相对较小，尽最大可能展现第一份清单中对外开放的诚意。对于清单内没有限制的内容，外资进入时由核准进入、章程审批转为备案模式。2014年7月，负面清单不再使用经济行业门类细分，以"领域"代替"类别"，同时从190条管理措施中删除51条，剩余139条措施由29条完全禁止措施和110条限制类措施构成，内容具体鲜明。随着自贸区发展的需要，2014年底，上海自由贸易试验区新增了三个区域陆家嘴金融片区（含世博地区）、金桥开发区片区和张江高科技片区，加上这三个区域后面积为120.72平方千米，三个区域具有不同的职能，各司其职，在打造新的贸易领域、建设具有高精尖技术的国际化园区上挑起大梁。

2015年4月，我国新建广东、天津、福建三个自由贸易区，扩大了试验区范围，并且于2015年对负面清单也做了修改，经济行业门类减少为15类，特别管理措施减少为122条，将原清单对部分行业的限制彻底取消，扩大了贸易试验区的范围。随着新贸易区的设立，负面清单的实施范围也从原来的上海自由贸易试验区扩展到四个贸易区共同使用。2016年8月，为了顺应国内负面清单模式发展的主旋律，国家批准了七地的自贸区申请，2017年4月，随着七地正式挂牌，我国第三批自贸试验区成型，负面清单模式进入了全国试点阶段。2018年10月，海南自贸区设立，要求在海南全岛范围内结合海南地理风光的特色开展试点工作，主要发展生态旅游业、现代科技服务业、注重创新，发展高新技术产业，围绕全面深化改革政策、建设国家高质量生态文明示范区域、打造国际旅游消费综合中心等目标确定更加积极战略方向，推动对外开放坚定地朝着更高质量的道路迈进。2019年8月，第四批自贸区设立，此次新增的六个自贸区结合区域经济发展和地方特色产业，精准定位，进行差别化改革试点，在加强产业创新、促进经济转型升级、打造特色开放示范区等方面对接国际高标准。"十三五"时期，不仅是自贸试验区，不少地方也将打造开放型经济平台列入规划文件中。并且在全国不断实施不符合措施进行放权探索的基础上，自贸试验区依然冲在前列，先行

---

① 中国（上海）自由贸易试验区管理委员会. 保税区域 [EB/OL]. http://www.china-shftz.gov.cn/NewsDetail. aspx? NID = c6961675 - bb91 - 4ced - bdae - 107bff21b986&CID = 7c03c577 - 3e11 - 482d - 85b1 - 61b999c11127&MenuType=2&navType=1，2019-10-10.

先试，截至 2020 年 12 月 31 日，我国共有 21 个实施外资准入负面清单的自由贸易试验区（见表 7-1），在实践中不断完善我国对外经济贸易的政策，表明我国坚定支持经济全球化、贸易公平竞争、营造和平稳定的经济生态的立场。

表 7-1　我国自贸试验区情况汇总

名称	挂牌时间	片区	实施范围
上海自由贸易试验区	2013 年 9 月	外高桥保税区，外高桥保税物流园区 洋山保税港区，浦东机场综合保税区 金桥出口加工区（2014） 张江高科技园区（2014） 陆家嘴金融贸易区（2014）	28.78 平方千米 （2013 年） 120.72 平方千米 （2014 年）
广东自由贸易试验区	2015 年 4 月	广州南沙新区片区，深圳前海蛇口片区 珠海横琴新区片区	116.2 平方千米
天津自由贸易试验区	2015 年 4 月	天津港片区，天津机场片区 滨海新区中心商务片区	119.9 平方千米
福建自由贸易试验区	2015 年 4 月	福州片区，厦门片区，平潭片区	118.04 平方千米
辽宁自由贸易试验区	2017 年 4 月	大连片区，沈阳片区，营口片区	119.89 平方千米
浙江自由贸易试验区	2017 年 4 月	舟山离岛片区，舟山岛北部片区 舟山岛南部片区	119.95 平方千米
河南自由贸易试验区	2017 年 4 月	郑州片区，开封片区，洛阳片区	119.77 平方千米
湖北自由贸易试验区	2017 年 4 月	武汉片区，襄阳片区，宜昌片区	119.96 平方千米
重庆自由贸易试验区	2017 年 4 月	两江片区，西永片区，果园港片区	119.98 平方千米
四川自由贸易试验区	2017 年 4 月	成都天府新区片区，川南临港片区 成都青白江铁路港片区	119.99 平方千米
陕西自由贸易试验区	2017 年 4 月	中心片区，西安国际港务区片区 杨凌示范区片区	119.95 平方千米
海南自由贸易试验区	2018 年 10 月	海南岛全岛	海南岛全岛
山东自由贸易试验区	2019 年 8 月	济南片区，青岛片区，烟台片区	119.98 平方千米
江苏自由贸易试验区	2019 年 8 月	南京片区，苏州片区，连云港片区	119.97 平方千米
广西自由贸易试验区	2019 年 8 月	南宁片区，钦州港片区，崇左片区	119.99 平方千米
河北自由贸易试验区	2019 年 8 月	雄安片区，正定片区，曹妃甸片区 大兴机场片区	119.97 平方千米
云南自由贸易试验区	2019 年 8 月	昆明片区，红河片区，德宏片区	119.86 平方千米
黑龙江自由贸易试验区	2019 年 8 月	哈尔滨片区，黑河片区，绥芬河片区	119.85 平方千米
北京自由贸易试验区	2020 年 9 月	国际商务服务片区 金盏国际合作服务区 城市副中心运河商务区 张家湾设计小镇周边可利用产业空间 首都国际机场周边可利用产业空间	119.68 平方千米
湖南自由贸易试验区	2020 年 9 月	长沙片区，岳阳片区，郴州片区	119.76 平方千米
安徽自由贸易试验区	2020 年 9 月	合肥片区，芜湖片区，蚌埠片区	119.86 平方千米

2017 年, 全球经济大环境并不乐观, 金融危机初显端倪, 随着 2008 年国际金融危机开始失控, 华尔街彻底沦陷, 全球对外贸易深受影响, 跨国投资总额连续下滑, 在各国尽量减少跨国投资控制金融危机风险的时期, 我国吸收外资规模仍然稳居全球第二, 2017~2019 年分别达到 1363 亿美元、1383 亿美元、1412 亿美元[①], 吸收数目逐年稳步上升, 这对外资的影响是积极的, 有利于促进外商满怀信心地进入中国市场。自贸试验区负面清单也在不断瘦身, 从 2013 年的 190 条减至 2019 年的 37 条, 删除的措施主要涉及金融、汽车、农业、服务业等领域。2020 年, 我国再次压缩清单的篇幅, 由 37 条减至 30 条, 还有 1 条为部分开放, 缩减比例达到 18.9%。通过坚定不移地扩大开放, 放宽准入门槛, 以更高水平的开放促进贸易自由化, 推动跨国投资战胜疫情带来的重重困难, 尽快回暖。修改后的清单在金融领域取消了原本对外资的所有股份占比限制, 允许外资独资进入寿险、证券、基金、期货等金融公司, 对外资开放了金融市场平台; 在供水设施领域针对供排水管网的建设、经营权在 50 万人口以上城市对外资开放, 允许外资进入基础设施领域; 在医药领域打了中药饮片的市场, 同时规定医疗机构限于合资, 删掉了合作的模式; 在交通运输、仓储和邮政业方面对部分条款进行合并描述, 删除禁止外商投资空中交通管制条目, 放开了空域交通的指挥和调配权限, 新增外方不得参与建设、运营机场塔台的规定, 对航空运输基建设施进行限制, 在开放权限的同时, 保卫国家空域安全。清单此次修改, 对服务业、制造业等重点产业在对外开放的进程中再次助力。

从自贸区负面清单条目数量的变化 (见图 7-1) 可以明显看出, 在早期我国经济较世界强国处于劣势阶段, 对于外资开放首先要考虑的是如何保护我国的经济体制与市场结构, 其次设置了高达 190 条的特别管理措施, 但是随着全面深化改革的快速发展, 我国国力的显著提升, 经济实力越来越强以及负面清单管理制度的日趋成熟, 根据实践中的反馈信息, 合理地减少对外资的投资限制, 逐渐转变为推进可复制、可推广的限制越来越少的负面清单。

在 2013~2020 年自贸区负面清单不断修正的过程中, 从条目减少数量上来看 (见表 7-2), 对制造业的开放力度是最大的, 从 2013 年初设时的 63 条, 占比约 1/3, 减至 2020 年的 2 条, 占比不足 7%, 在现有的两条中, 关于外商在国内建设同类产品合资企业的数量限制会在 2022 年取消。在我国对外开放的进程中, 制造业领域开放得比较早, 市场竞争相对充分一些, 在对外开放力度越来越大的大环境下, 制造业的市场竞争加剧是必然的, 如果企业想拥有一定的市场份

---

① 陆娅楠. 外商投资准入特别管理措施 (负面清单) (2020 年版) 外商投资准入负面清单再压减 17.5% [N]. 人民日报, 2020-06-26 (02).

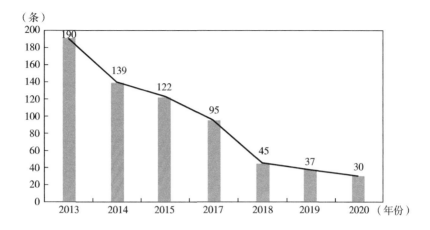

图7-1　自贸区负面清单特别管理措施数目统计

额，那就必须加强技术创新以此形成自己的品牌优势，提高企业自身的创造性和竞争意识，制造出高品质、高附加值的产品，以此夯实中国制造业的基础，在全球经济竞争中能够抢占上风。制造业的大力对外开放，既表示中国对制造业实力的自信，也表明我国在贸易投资中反对贸易保护主义、支持经济全球化的态度，中国兼容并包的市场为外国投资者提供了辉煌的前景。

表7-2　自贸区外商投资准入特别管理措施（负面清单）细分

自贸区外商投资准入特别管理措施（负面清单）细分							
行业门类＼年份	2013	2014	2015	2017	2018	2019	2020
农、林、牧、渔业	7	6	6	5	4	3	3
采矿业	16	14	8	6	3	1	1
制造业	63	46	17	11	5	3	2
电力、热力、燃气及水生产和供应业	5	2	5	3	2	2	1
批发和零售业	13	9	4	4	1	1	1
交通运输、仓储和邮政业	21	15	19	11	7	6	4
信息传输、软件和信息技术服务业	8	8	4	4	2	2	2
租赁和商务服务业	13	9	9	5	3	3	3
科学研究和技术服务业	12	4	4	4	3	3	3
教育	3	3	2	2	2	2	2

续表

	自贸区外商投资准入特别管理措施（负面清单）细分						
年份 行业门类	2013	2014	2015	2017	2018	2019	2020
卫生和社会工作	1	1	1	1	1	1	1
文化、体育和娱乐业	12	8	24	21	8	7	7
金融业	5	4	14	13	3	3	
水利、环境和公共设施管理业	3	3	2	2	1	—	—
房地产业	4	3					
建筑业	4	4					
所有行业	—	—	3	3			
合计	190	139	122	95	45	37	30

自贸区除负面清单之外，我国针对产业发展的重要文件还有 1995 年颁布的《外商投资产业指导目录》（以下简称《目录》），主要对外商在我国可以投资的产业进行明确，随着外商投资的增加以及我国对外贸易开放程度的提高，截至 2020 年底，共经历了九次修订①，在 2017 年《目录》中，明确列出了外商投资特别管理措施，包括 35 项限制投资目录和 27 项禁止投资目录，2018 年，国家发改委、商务部发布《外商投资准入特别管理措施（负面清单）》，将外商投资特别管理措施单独从指导目录分出，形成一个独立的负面清单文件，原指导目录被分为《鼓励外商投资产业目录》和《外商投资准入特别管理措施（负面清单）》。2019 年，为了积极促进外商投资，规范外商投资管理模式，中共十三届全国人大第二次会议通过《中华人民共和国外商投资法》，进一步释放友好开放的信号，以法治推动贸易自由，加快我国进入更高水准、更高速度的脚步。外商投资法颁布实施后，外商准入负面清单也在不断修改，让清单内容与法律法规有关规定进行衔接。从 2018 年的第 48 条到 2019 年的第 40 条，减至 2020 年的 33 项，相较 2019 年，2020 年外商投资准入负面清单除了与自贸区负面清单对金融行业、水生产及供应业、交通运输业进行了相匹配的修改外，还在制造业解除了对放射性矿产冶炼、加工，核燃料生产方面的禁投限制。无论是自贸区负面清单还是外商投资负面清单，从制定至今，条款数量每年都有一定幅度的减少，负

---

① 外商投资产业指导目录九次修订时间分别为 1997 年、2002 年、2004 年、2007 年、2011 年、2015 年、2017 年、2019 年、2020 年。

面清单内容的精练、篇幅的逐年简短无不展示我国负面清单管理制度水平在朝着国际化标准努力迈进，给实施更大范畴、更深水平的对外开放提供有力保障。

二、上海自由贸易试验区负面清单管理制度发展过程中存在的问题

（一）政府职能转变，政务服务有待优化

长期以来，以行政审批为主的正面清单模式是我国针对外商投资进入中国市场的制度，也是我国经济管理模式改革工作上的"拦路石"之一，在市场经济发展的过程中，减少政府权力控制外商在中国的行业发展，通过立法改变行政审批制度对市场管理的影响是十分有必要的。改革开放后，我国政府针对中外合资及合作经营企业、外商独资企业等制定了系统的法律制度和具体的实施条例，明确外国投资者进入中国市场设立企业的程序、组织结构、利润分配、法律权利和义务等，20世纪末将外资三法相关内容合并，形成外商投资法，运用立法对外商企业进行监督管理，通过产业指导目录对外商准入条件和领域进行明确规定，在一定程度上保护外商的权益。同时，外资企业需要将公司合同章程等报送相关政府部门进行审核同意后才具有法律效力。政府在外商准入过多干预，行政审批制度中流程烦琐，市场中国家垄断和国家授予垄断的企业依旧存在，使市场失去竞争力和活力，秩序不健全。而负面清单制度依据的是"法无禁止即可为"，市场对负面清单中没有规定的行业类别都是允许外商直接在工商管理部门注册登记进入的，不需要经过行政审批环节，限制了政府过多介入的可能，控制政府掌控市场的权力。上海自由贸易试验区等国内自贸区实施负面清单管理制度，将清单之外的外商投资项目设立方式由核准制转变为备案制，按照国家给予的权力和规定的流程办理企业相关备案手续（李凯杰，2018）。

负面清单管理需要政府加大简政放权力度，并且制定完善的政策体系，实行有必要的监督管控。发达国家自贸区管理大多实行扁平化的模式，管理灵活效率很高，早在1996年新加坡就已经实施了政企分离，将管理权限下放给了企业。现阶段，我国经济体制改革围绕的一个关键点就是平衡政府和市场之间的主导权力，体制改革要求政府的职能从行政审批逐渐向经济调节、市场监督、社会管理和公共服务转变，促进经济市场有效运行，并且实行"放管服"改革及投资体制改革等一系列举措，但在实际实施中，由于我国政府习惯于事前审批，政府部门对职能转变的重要性认识并不够，需要一定的时间改变政府管理理念。

（二）接轨国际标准，透明度不够高

负面清单管理意味着我国外资准入模式逐渐与国际接轨，但因为负面清单的推行在我国还属于初级阶段，与国外运用这一模式老练的国家仍有差距。美国BIT范本从问世以来，30多年仅修改了4个版本，而上海自由贸易试验区外商准

入负面清单在 2013 年实施后基本每年都在修改，从表面上来看，虽然提高了对外开放的力度，但是变动频繁不利于调动外商投资的积极性，并且会对基础设施建设和配套的法律体系的形成有一定的影响，增加了执行的难度和成本，导致制度改革略显滞后。在透明度方面，与国际标准也有差距。透明度原则是世贸组织对各国之间贸易交流的重要原则之一，贸易协定中涉及相关法律法规必须公开透明，没有公开发布的法律法规不能执行，这一原则对实现企业之间公平贸易竞争、保护经济健康发展意义重大。结合透明度的含义和现有的自由贸易协定，透明度基本可以被认为指利益主体的公开义务、信息披露、公众参与度、听证与上诉等要素。将现阶段上海自由贸易试验区清单的透明度与国际标准对比，透明度水平还有很大的提升空间。尽管逐渐地修改不符措施大幅减少，但是目前我国并没有明确列出对外商投资限制的具体规定，相关政策的文件缺失让透明度原则具体实施起来阻碍众多。同时，缺少对负面清单使用的解释说明，对于具体限制措施描述得不够详细，外商在使用中很可能会受翻译方式、风俗习惯、思想观念等因素的影响，出现理解上的偏差，产生误读。如何在提升清单简练度的同时确保清单内容的合理性、完整性，使负面清单能够更精准地表达相关制度，是目前需要改进的不足之处（俞洁和宾建成，2017）。

（三）法制体系不完善，事中、事后监督落实难

在法制健全的情况下实施负面清单管理模式可以有效地进行风险防控，但是我国目前外商投资审查、技术标准、生态环境保护、知识产权保护等方面立法不够完善。上海自由贸易试验区负面清单模式吸引了大量外资进入中国市场，以准入前国民待遇原则对待外商投资者，对其资质要求较开放前来说是有所降低的，这就要求我们政府在职能转变的同时，建立社会信用体制和社会法律体制，提高监管和执法能力。然而相配套的法律制度体系不够完善，对国内市场经济稳定发展产生负面影响，不利于经济可持续发展。近年来，国家针对外商投资建立了法律制度《中华人民共和国外商投资法》，对外商投资在法律层面上进行规定，但依旧存在不足，例如，权限分配不明确，审查因素不完善。同时，在工业企业发展的过程中，对环境的破坏是不可避免的，国家在生态环境保护方面立法不够完善，污染标准不明确，同时国家相关机关监督和处罚的力度不够降低了企业破坏环境的成本，纵容了外资企业对环境的肆意污染，不利于外资企业在生态保护上形成自律意识，破坏生态环境的可持续发展。另外，从审批制转型为备案制，形式的改变无法保证信息的真实性和完整性（张彩云和林志刚，2017），目前自贸区仍然没有明确如何利用信用体系监管、如何进行信用等级划分的标准，同时省级以下地方相关部门没有执法权，对于外资企业的虚假信息无法监管和执法，对信息真伪的鉴别程序和处罚政策还有待完善。

2016 年 8 月，为了更好地推动市场规范化，上海市政府印发《进一步深化中国（上海）自由贸易试验区和浦东新区事中事后监管体系建设总体方案》，在这个方案中，"事中事后监督"作为上海自由贸易试验区管理的闪光点发挥了巨大作用作用（见图 7-2）。一方面，通过制度构建，推动上海自由贸易试验区监管主体形成"四位一体"的综合监管体系，将执法严格化、政务高效化、经济动向分析敏感化、监管多元化有机结合，大力促进社会多方主体共同治理的作用；另一方面，通过现代化的监督手段和理念，强化政府部门的专业监管，实现透明、高效、便捷的大监管格局（见图 7-2）。然而综合监管执法体系的建设不够完善，导致自贸区还没有文件明确各行政部门的权力和责任，事前审批和事中、事后监督无法有效衔接起来，在信息披露和责任惩罚上都是相对滞后的，不利于营造健康的营商环境，各地尚位于初期探索阶段，体系的形成和完善还需要时间。

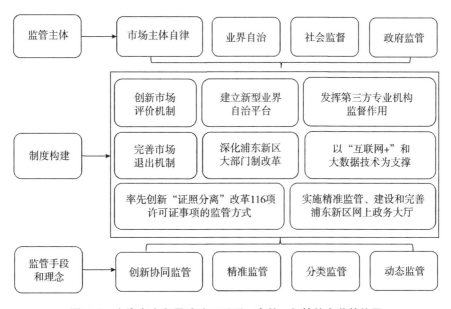

图 7-2　上海自由贸易试验区透明、高效、便捷的大监管格局

第三节　市场准入负面清单管理模式的
实践经验和存在的问题

　　党的十一届三中全会后，我国一直实施的国家统一调控的计划经济模式开始变革，国家实行以市场为主导、改革开放的政策，建立了市场准入制度（见表

7-3）。但是改革并不是说说那么简单，虽然我国建立起了社会主义市场经济体制，但是无论是市场主体、政府监督还是法律条约仍存在不完善和不合理。20世纪90年代末《公司法》的实施，适合我国经济体制的市场准入制度初步形成。在《中共中央关于全面深化改革若干重大问题的决定》中，根据针对外资设置的外商准入负面清单管理模式，推行了适合国内市场发展对应模式的尝试，为完善社会主义市场经济奠定基础。通过尝试，从管理角度促进市场经济体制的发展，改革了政府与市场之间的关系，使市场经济下市场对资源的有效分配得以发挥出来，强调政府在市场中的监督管理作用。

表 7-3　市场准入负面清单制度改革阶段

阶段	时间	事件	备注
探索阶段	2013 年 11 月	广东省佛山市南海区行政审批"负面清单"	负面清单最初进入国民视野，各地开始自由探索负面清单制度
	2013 年 12 月	吉林省探索放开民企准入出台负面清单目录	
		山西省提出将保险与民营经济领域引入负面清单	
		浙江省行政审批改革推行"权力清单+负面清单"	
		福建省推动试行台资准入负面清单	
	2014 年 6 月	北京市昌平区出台产业准入负面清单	
		四川成都高新区探索负面清单管理模式	
		福建厦门探索制定民间资本投资准入负面清单	
试验阶段	2014 年 7 月	《国务院关于促进市场公平竞争维护市场正常秩序的若干意见》发布	明确提出要制定市场准入负面清单，全国负面清单概念出现
	2015 年 9 月	通过《关于市场准入负面清单制度的意见》	首次提出市场准入，全面引入负面清单管理，意味着中国市场准入将全面开启负面清单时代
	2016 年 6 月	国家发展改革委、商务部会同有关部门汇总、审查形成的《市场准入负面清单草案》（试点版）	先行在天津、上海、福建、广东四地进行试点，检验其合法性、合理性、可行性和可控性，探索管理新理念、新方式、新机制
全面实施阶段	2018 年起	实行全国统一市场准入负面清单制度	全国正式进入负面清单时代

一、萌芽阶段

2013 年 11 月 12 日，党的十八届三中全会通过了《中共中央关于全面深化改革若干重大问题的决定》。我国市场准入负面清单制度改革进入初步探索阶段，上海自由贸易试验区外商准入清单管理初显成效，各地积极在其他领域效仿负面清单模式，出现了一批改革的先行者，他们依据地方特色，结合地方经济发展需要，自由探索形成了经验和改革体验。其中，比较典型的模式有三单模式、两单模式和过渡模式，为我国市场准入负面清单的萌芽阶段提供了丰富的养分。其各自特点如表 7-4 所示。

表 7-4　萌芽阶段管理模式总结

负面清单管理方式	代表	主要内容	特点	
			执行层面	监督层面
三单模式	广东	①负面清单：在事前把可办的、不可办的告知民众；②行政审批清单：将审批权力标准化，保证公平高效；③监管清单：改变重审批轻监管的做法	公开透明：用网络将权利关完全暴露在阳光下	①全程监督："三单"替代原来的行政审批流程；②后台监督：行政问责后监察直接介入
两单模式	浙江	①权力清单：列举政府行政审批权限的清单，避免政府权力的滥用；②负面清单：向投资者列举什么不可以做，除此之外都是可做的	①全面制定政府审批程序和内容，对政府权力的使用起到了规范的作用②对各级政府及部门合理分权，并明确其各自的职责	①对权力清单中的风险进行了制约；②制定了市场准入和事中事后监管的统一标准
过渡模式	重庆	①正面清单：对急需转型或升级的产业进行鼓励；②负面清单：对市场准入进行限制	兼顾扩大开放与产业保护	强化了审计、后评价及第三方监管，完善责任追究制度，建立企业失信名单

在改革探索的过程中，虽然在全国范围内推广了负面清单管理模式，提高了部分领域行政职能部门的效率，简化了部分审批流程，对政府权力起到了规范优化的作用。但是总体上缺乏大局意识，政策五花八门，在简政放权上程度不统一，导致市场秩序混乱，不利于形成可复制和推广的投资管理模式，于是中央叫停了相关地区自行对市场准入负面清单探索试验的规划。

二、全国试点阶段

2015 年 10 月 20 日国务院发布关于实行市场准入负面清单的意见，是我国在市场准入探索进程中重要的节点，意味着我国对市场准入的管理正式进入负面清单模式，为了能够尽快在全国范围内推广实施，改变初期统筹协调不足的问题，规范市场准入模式的运用，国务院采取试点实验探索的方式，经过多方讨论，2016 年 3 月《市场准入负面清单草案（试点版）》（以下简称《草案》）成型（见表 7-5），在上海、天津、广东、福建 4 个自由贸易试验区所在省级行政区率先开展改革试点，草案的内容分为禁止准入类 96 项和限制准入类 232 项，覆盖范围广。

表 7-5　市场准入负面清单草案（试点版）节选

项目号	主题词	禁止或限制措施描述
一、禁止准入类		
（一）农、林、牧、渔业		
1	禁止滥用耕地	严禁占用基本农田挖塘造湖、植树造林、建绿色通道及其他毁坏基本农田种植条件的行为，禁止占用耕地建窑、建坟或擅自在耕地上建房、挖沙、采石、采矿、取土等
		禁止任何单位和个人闲置、荒芜耕地
2	禁止非法开垦土地	禁止在 25 度以上陡坡地开垦种植农作物，禁止围湖造田，重要的苗种基地和养殖场所不得围垦
		禁止开垦草原等活动，禁止在生态脆弱区的草原上采挖植物和从事破坏草原植被的其他活动，禁止围湖造地和违规围垦河道
......		
二、限制准入类		
（一）农、林、牧、渔业		
97	未获得许可，不得从事植物种子的生产、经营、进出口	农作物种子生产、经营、进出口许可
		草种生产、经营、进出口许可
		林木种子（含园林绿化草种）生产、经营、进出口许可
......		

2017 年，市场准入清单试点范围扩展到辽宁、吉林、黑龙江、浙江、河南、湖北、湖南、重庆、四川、贵州、陕西 11 省（市）①，以通过更多试点地区积累经验从而为市场准入负面清单模式得以推广至全国范围奠定基础。在草案的检验过程中产生了以下三个问题：

（1）《草案》存在与地方法规冲突的地方，如在对比《草案》与重庆市相关规定中发现，《草案》中规定水产苗种、转基因水产苗种需要生产经营许可，而在重庆的规定中需要生产审批，两者出现了矛盾，在政府执行中存在困扰。同时在《草案》试行中仍然有地方政府部门新出台关于市场准入的办法，导致市场准入负面清单的统一性和权威性受到了侵犯。

（2）地方行政管理权力事项多且缺乏系统性文件汇总，相关政策杂乱，无法与《草案》中负面清单进行对应，同时也不能很好地与现行市场准入管理事项接轨，产生脱节。

（3）《草案》因为主要参考国务院及其下属部门的权力清单整理而定，不少规定仅限于中央层面的权限，许多地方权限内容没有考虑在内。

《草案》率先在试点城市试用其目的在于在实际操作中探究《草案》涉及事项是否合理合法、可行可控，并根据试点期间试点地区实行《草案》的进展情况和主题市场产生的突出问题所提出的建议，按照简政放权、放管结合、优化服务的原则，落实全面深化改革中对实行统一的市场准入制度的要求，及时改进和完善草案，形成统一文件，确保清单在 2018 年能够正式实行。

三、全面实施阶段

2018 年 5 月，为了达到实行全国统一的负面清单这个目标，国家发展改革委会同商务部启动了对《草案》的修订工作，通过归纳总结探索阶段和试点阶段各地区和人员对负面清单制度实施过程中的经验和认识，对新版统一法案的项目类别精准定位、内容更加合理合法、标准进行规范统一。历时半年负面清单修改工作完成。《清单》（2018 年版）的正式发布，标志着我国负面清单管理模式正式开启全面实施阶段。

2018 年版《清单》在《草案》的基础上，将"限制准入事项"改为"许可准入事项"，并且从原来的 328 个事项、869 条具体管理措施减少到了 151 个事项、581 条具体管理措施，压减比例高达 53.9% 和 33%。并且加入了地方性许可

---

① 李建伟. 让中国市场更加开放更加平等的重大改革——评 2018 年版全面实施市场准入负面清单制度 [EB/OL]. https://www.ndrc.gov.cn/xwdt/ztzl/sczrfmqd/zcjddd2/201901/t20190107_1022310.html? code = &state = 123，2019-01-07.

措施的说明，使内容更加清晰、透明、完整，更符合实施起来各地的标准和条件（见表7-6）。

表7-6 2018年市场准入负面清单节选

项目号	禁止或许可事项	禁止或许可准入措施描述	地方性许可措施
一、禁止准入类			
1	法律、法规、国务院决定等明确设立且与市场准入相关的禁止性规定	法律、法规、国务院决定等明确设立，且与市场准入相关的禁止性规定（见附件一）	
2	国家产业政策明令淘汰和限制的产品、技术、工艺、设备及行动	《产业结构调整指导目录》中的淘汰类项目，禁止投资；限制类项目，禁止新建（调整修订的具体措施见附件二）	
……			
二、许可准入类			
（一）农、林、牧、渔业			
5	未获得许可或资质，不得从事特定植物种植加工或种子、种苗的生产、经营、检测和进出	农作物种子、草种、食用菌菌种、林木种子生产、经营、进出口许可	林木种苗生产经营许可（内蒙古）
		农作物种子、草种、食用菌菌种、林木种子质量检验机构资格认定	
		收购珍贵及限制收购的林木种子、采集或采伐国家重点保护的天然种质资源审批	
		向境外提供种质资源，或者与境外机构、个人开展合作研究利用种质资源的审批	
		向外国人转让农业、林业植物新品种申请权或品种权审批	
		大麻种植、加工及种子经营许可	
……			

随着大数据时代的来临，数据分析处理速度和精准度上都有一定的提高，对信息的获取不再依赖于随机抽样，而是致力于在更多的数据中找到精准筛选到需要的信息。负面清单使用者对清单内容的全面性、运用便利性等要求也随之提高，而《清单》（2018年版）在数据查询和翻阅过程中存在无法精确定位的问题。2019年11月22日，清单进行第一次年度修订，这次修订除了根据一年的实施过程中所积累的经验而再次减少了20项事项、缩减比例达到13%之外，还加入了主管部门一栏，对政府权限划分明确定位（见表7-7）。

表7-7　2019年市场准入负面清单节选

项目号	禁止或许可事项	事项编码	禁止或许可准入措施描述	主管部门	地方性许可措施
一、禁止准入类					
1	法律、法规、国务院决定等明确设立且与市场准入相关的禁止性规定	100001	法律、法规、国务院决定等明确设立，且与市场准入相关的禁止性规定（见附件一）		
2	国家产业政策明令淘汰和限制的产品、技术、工艺、设备及行为	100002	《产业结构调整指导目录》中的淘汰类项目，禁止投资；限制类项目，禁止新建（调整修订的具体措施见附件二）		
……					
二、许可准入类					
（一）农、林、牧、渔业					
6	未获得许可或资质，不得从事特定植物种植加工或种子、种苗的生产、经营、检测和进出口	201001	农作物种子、林木种子、草种、烟草种、中药材种、食用菌菌种生产经营、进出口许可	农业农村部林草局	工业大麻种植、加工许可（云南）
			农作物种子、林木种子、草种、烟草种、中药材种、食用菌菌种种子质量检验机构资格认定	农业农村部林草局	
			采集或采伐国家重点保护的天然种质资源审批	林草局	
			向境外提供种质资源，或者与境外机构、个人开展合作研究利用种质资源的审批	农业农村部林草局	
			向外国人转让农业、林业植物新品种申请权或品种权审批	农业农村部林草局	
			大麻种植、加工及种子经营许可	林草局	
……					

　　修订后的清单与之前的大方向与模式基本一致，变动了关于境外市场主体的条目，同时对部分特定地理区域、空间的管理措施不列入清单进行修改，改动内

容较少。其中，重点生态功能区产业准入的相关规定，根据国家发改委关于编制规范的通知，要求由各地政府依据当地生态功能区发展情况，因地制宜地制定具有地方特色的负面清单，以确保地方生态资源和经济和谐发展。同时通知附件中包含市场相关的禁止性规定，通过列举禁止措施的设立依据，来对负面清单内容提供法律依据。

第四节　对我国重点生态功能区实施产业准入负面清单管理的启示

生态环境是人类生存、社会经济发展的基础，维护生态环境平衡、建设文明美丽中国是一代代人赖以生存的需要。深入实施可持续发展是我国在推进现代化建设过程中一直高度重视的战略部署，健康的经济发展应该建立在健康的生态环境的基础上，以此带动社会文明进步。随着经济高速发展对区域生态环境的依赖性迅速增加，我国对生态系统功能的定位、产业结构、持续利用等越来越重视。2011年6月，我国第一个《全国主体功能区规划》指出，在重点区域的建设中，要优化生态布局，形成人、自然资源、经济三者和谐发展的业态。2015年7月，相关部门联合针对主体功能区规划提出可操作的部门意见，努力构建符合主体功能区的生态环境政策，力求将区域生态保护落到实处。2016年，国家发展改革委发布《重点生态功能区产业准入负面清单编制实施办法》，从工作机制、编制规范、加强实施管控等方面对编制实施过程进行要求，同时在编制中要在结合现行投资目录和草案的基础上，针对重点生态功能区这一类关系到生态系统、国土安全的区域，在经济建设和资源开发利用中合理控制工业化，逐步推进负面清单内禁止和限制产业跨区转移或退出，形成符合地方生态发展、战略定位的产业结构。现如今，我国经济结构已经进入稳定增长的阶段，通过经济结构的调整来保持发展的可持续性已经成为世界各国在维持经济快速发展的共识，因此，我们理应更加重视资源的节约利用和生态环境保护，利用负面清单的形式限制不符合生态治理标准的产业进入，对重点生态区实施产业保护，实现生态产品经济价值，在进一步贯彻执行党的十八届五中全会所确定的重要战略任务的同时，发展绿色的、可持续的生态经济建设。

一、合理开发国土空间，保障区域生态安全

设立重点生态功能区有利于优化我国的国土资源空间格局，同时推进生态文

明建设，重点生态功能区涵盖我国江河流域水系、动物森林资源、渔业水域等，在保持水系流域稳定、维护生物多样性、降低自然灾害，并且在确保国家和地区环境资源安全等因素的发展上作用巨大。在空间治理的过程中，不仅是对生态环境的治理，也要兼顾政府、市场、社会三者相互依存的关系，解决空间发展不平衡的问题。习近平总书记强调，我们要把生态文明建设融入经济、政治、文化、社会等各个领域建设的全过程中，在产业结构、生产方式上进行优化，打造资源节约、环境友好的态势，努力建造美丽中国。因为重点生态功能区之间生态环境现状、自然资源利用状况、产业发展现状及规划、产业园区建设情况等存在一定的差异，所以各县（市、区、旗）应该结合自身区域得天独厚的资源和发展领先的产业以及目前产业发展状况，以保护生态环境、维护生态平衡、建设可持续经济发展为基础，制定符合地方特色的负面清单，因地制宜地引导限制类企业进行技术优化改造升级，确保符合生态环境标准，对于禁止类企业实施产业转移至城市工业园区或退出，形成逐点开发、区域保护的局面。依据区域发展规划，针对重点生态区这一关系到国家生态安全的特殊区域，在制定地方特色负面清单时明确哪些可为哪些不可为，在产业政策和环境政策上给予生态空间一个底线，在安全边界内对国土资源进行工业化城镇化开发，有利于减轻对生态环境的破坏，减缓生态系统功能退化，提高空间和土地的利用率，确保区域生态安全。

为了贯彻落实绿色发展，对国土空间和资源环境进行有效庇护，在积极开展保护工作的同时，以自然修复为主，依据资源环境现状，制定合理规划，分级维护治理。自然资源是有限的，在促进经济高速发展的同时还要尊重自然资源的再生规律，要依据资源的再生规律和循环利用的可能，结合负面清单的管理模式，构建生态空间安全防线，为水系的运转、防风固沙、生物种类多样性保留安全的空间；加强生态系统网络化建设，建立生态长廊，将分布零散的片区连接起来，均衡区域内国土资源的功能，最大可能地恢复生态系统的自动修复能力和资源创造能力。

二、改善生态环境，实现生态产品价值

在重点生态功能区实施负面清单管理模式，是提高生态功能区生产力的重要保障。在我国高速发展的工业经济环境下，工业产品的制造能力不断提升，各色各样的工业品层出不穷，然而，随着工业的快速发展，在给我们带来经济水平高速提升的同时，也使生态环境惨遭伤害，打破了生态平衡，自然资源自身的修复能力和提供优质生态产品的能力逐渐被削弱。随着国家富强，人民对事物不再简单地满足于基本需求，而是在满足基本需求的基础上追求高品质、原生态的绿色美好生活，这就要求国家必须把提升生态功能区生产力，实现生态产品价值作为

经济可持续发展中需要重视的环节。党中央先后出台多个生态文明建设相关文件，对大气治理、水源保护、种植绿色植被、守护蓝天等提出方案，划定红线，明确地方政府责任，为保证优质生态产品的供应、实现生态产品价值提供了制度支持。"十四五"规划中指出，要建立生态产品价值实现机制，从制度上促进生态产品的供给能力提升。

改善生态环境，确保生态均衡，需要结合区域资源承受能力制定生态环境保护红线，实行目标考核，通过负面清单的管理措施，保证生态优先的原则，客观评价各个重点生态功能区的生态环境质量和自然资源管理情况，利用制度改变原有的高密度开发、大片区域污染的状况，结合现代生态技术，加快绿色生态体系建设，从节能减排、生态修复、新材料新能源、绿色科技等角度着手，提高现有资源利用率。在生态环境资源的开发过程中，我们要树立大局观，长远观，不能只顾及眼前的蝇头小利，寄希望于后期治理，因小失大，要坚持绿色生态发展理念，实现经济效益和生态效益相匹配的目标，高效配置资源，在满足人民美好生活的需求的同时保持生态系统的活力，实现人与自然和谐共生。

三、构建负面清单的保护机制，重塑区域竞争格局

从国外主要发达国家和地区实施负面清单管理制度中可以看出，其"负面清单"限制事项较少，行业分类及限制内容也相对简洁，但并未因此降低其管理模式的透明度与保护作用。从国内自贸区负面清单和市场准入负面清单可以看出，前者在尽可能地扩大对外开放的力度，后者以保护市场均衡发展为主，在构建和推进重点生态功能区产业准入负面清单工作中，尤其在管理模式上有很多可以借鉴的地方。

美国作为"负面清单"模式最早的制定者，从出现的第一版美国 BIT 范本至今，始终保持着高水平的管理模式透明度，在 2012 年 BIT 范本中，详细列明了条目涉及的法律依据和管辖权力政府层级，这给使用者提供了措施来源和依据，在使用中减少误会、便于实施；日本在使用负面清单模式的进程中，始终把农林渔业、土地使用及自然资源的保护作为底线，以此起到对自身的最佳保护作用；欧盟的"负面清单"管理模式在一致对外的同时，还具有明显的区域保护的色彩。综合来看，无论是美国政策的公开透明、日本循序渐进的管理模式改革，还是欧盟的区域保护政策，都是为了保障负面清单的保护机制可以达到预期效果。

重点生态功能的第一要务就是"保护好生态环境"，各省应加强对自身环境状况的考核，包括建立环境监控体系，出台文件明确相应的检测指标，以此加大对环境质量的监督和考核。通过这些整治行动，依据相应的政策支持，可以提供更准确的数据与需求，从而实现清单的保护机制，对重点生态功能区进行行之有

效的保护。利用清单筛选符合区域发展规划的产业进入功能区，根据重点生态功能区的定位不同，从经济投资、资源开发、环境保护等方面着手，建立保护机制，实行有效的考评办法。现如今，区域的竞争不再是经济发展的竞争，而是加入了绿色经济。在经济与环境和谐发展的新的模式中，利用负面清单管理守住绿水青山，将重点生态功能区域竞争与全国其他开发区考核标准区分开，严格落实产业禁止准入和限制准入措施，按照生态功能区的定位发展区域经济，在区域竞争格局中寻求产业经济和资源利用的平衡点。

四、健全配套政策体系，促进政府治理能力现代化

事实上负面清单将法律内容以区域为范围进行行政化、整合化，是平衡政府和市场两者之间关系的平衡点，市场经济的稳定运行靠的是健全的法律制度与市场机制，诚然，在重点生态功能区推进负面清单管理制度有序运行，需要科学的法律法规给予支持。我国政府过去对于市场习惯于重视事前审批，在事中事后的监督机制则相对薄弱，而负面清单的管理模式给现有的管理制度提出了巨大挑战，直接取消了事前审批的流程，重点生态功能区因为具有维系生态可持续发展的特征，在实施负面清单管理模式时，也需要重视事中、事后监督管理，寻找政府监督管理的平衡点。在事中监督环节，依据环境影响评价法，检查企业环境保护审批和项目执行情况，企业施工过程中的环境治理、项目环境信息公开情况，在事后监测企业污染排放达标情况，污染防控治理设备日常运营情况，落实对生态环境污染源头的日常监管工作。生态功能区应依据自身特点，从生态资源利用率、污染排放等方面制定环境评价机制，同时结合现代科技手段，如在线监测、红外摄像、无人机巡查，提高监管部门发现问题的能力和对生态环境恶化的解决速度，结合大数据等信息手段，构建网络信息生态环境监管平台，收集和分析生态环境信息，判断生态环境发展趋势，早发现、早治理、早保护。生态功能区所在省、市、县要加强生态环境主管部门人员的培训，提高人员生态环境保护意识和利用现代化技术监管生态环境的能力（董姝玥和何芳，2019）。

负面清单对功能区产业结构调整、产业经济发展、生态资源利用和环境变化、区域产业优化等均有影响。我们知道负面清单制度更新是需要时间周期的，但生态环境和市场经济的变化是动态更新的，这就造成负面清单落地难的问题，为解决这种现象，在重点生态功能区推进负面清单管理模式的工作过程中，必须建立完善的配套法律体系，辅助负面清单管理模式的开展，坚持生态标准为市场准入红线不动摇，从环境监管、行政处罚、财政支付、资源有效利用率、生态环境自然变化、生态补偿机制、绩效考核标准、信息公示公开等方向着手制定相适应的政策、技术、考核、奖惩以及其他可以促进负面清单更好地实施的标准体

系，促进政府治理能力和水平朝着现代化、专业化方向发展。例如，2014年贵州省出台《贵州省固定资产投资负面清单（2014年）》解决了当地在建设重点生态功能区的工作中遗留的边界模糊、产业准入不明确的问题，并且贵州成立了全国首个地方生态环境损害鉴定评估专家库，推动评估更加专业化、科学化；2017年青海省针对重点生态功能区产业出台了负面清单，主要目的是治理并改善祁连山水源重点生态功能区和三江源湿地重点生态功能区产业现状，为青海省21个国家重点生态功能区县市制定环境保护提供产业准入负面清单制度遵循。2017年福建省在重点功能区推行商品林赎买改革，通过多种赎买模式，协调了林农利益与生态环境保护之间的矛盾，实现"生态得保护，林农得利益"的经济效益、生态效益和社会效益的共同提升。通过完善配套政策体系，探索建立生态环境保护机制，将各项政策措施稳步推进，落到实处，促进政府治理能力现代化。

本章小结

梳理国外主要发达国家和地区实施负面清单管理模式的发展状况、制度变革、主要内容和调整逻辑，国内自贸区负面清单管理模式的经验和问题，对完善和实施重点生态功能区产业准入负面清单管理模式具有重要参考价值。鉴于此，首先，本章分析了世界第一大经济体——美国、东亚国家—日本、区域性经济合作组织—欧盟在本区域内的实施负面清单管理的发展历程及制度变革逻辑，学习借鉴其负面清单模式的高透明度、易推广、差异化、区域保护等特点，为重点生态功能区实施产业准入的负面清单管理寻找经验。其次，还探究了国内第一个区域性自由贸易区——上海自由贸易试验区在实施负面清单模式过程中制度发展状况和主要问题，包括政府职能转变、政务服务水平有待提高；负面清单管理制度滞后国际标准、透明度水平较低；法律制度体系不够完善。再次，对市场准入负面清单管理模式萌芽、试点、全面实施三个阶段存在的问题进行经验总结。最后，在比较借鉴和总结经验的基础上，提出了对完善重点生态功能区实施产业准入负面清单的四点启示：一是运用负面清单、提升空间治理能力、维护国土资源安全；二是保障生态环境、实现生态产品价值；三是构建负面清单的保护机制、重塑区域竞争格局；四是健全配套政策体系、促进政府治理能力现代化。

第八章　主要结论与政策建议

第一节　主要结论

（1）从重点生态功能区产业准入负面清单管理的历程演变来看，中华人民共和国成立以来，大体上经历了非理性战略探索、制度化规范化探索、主体功能区分类调控和主体功能区精准施策四个阶段。总体上，重点生态功能区产业准入负面清单管理逐渐由无清单管理向正面清单管理，再向负面清单管理的转向，体现出政府调控由总体管控向分类精准调控演变的过程。现状特征主要体现在以下四个方面：一是在产业发展方面不同程度地调整优化了当地的产业结构；二是在发展理念方面体现了优先生态保护、弱化经济指标评价的发展理念；三是在产业准入方面对辖内现有主导产业保持准入态势；四是在准入门槛方面对绿色低碳产业的准入门槛相对较低。但同时也存在产业准入门槛不同程度依赖于既有产业结构、生态保护与经济发展仍然需要调适与平衡、负面清单管理的相关配套政策还需进一步完善、产业准入负面清单的动态管理存在缺陷、产业准入负面清单管理在落地执行中的现实困境等一系列问题。其主要原因有产业迅速发展中存在虹吸效应、生态产品价值转化程度低、体制机制缺乏创新活力、基础工作技术支撑存在缺陷等。

（2）重点生态功能区实施产业准入负面清单管理模式秉持"绿水青山就是金山银山""正外部性"替代"负外部性""市场创造"取代"政府补偿"等发展理念，并以准入门槛、动态管理、退出机制三个环环相扣的环节为主要框架。在准入门槛上，通过明确考核方式、考核体系、考核方法与考核结果，通过定性与定量两者相结合的分析方法对不同类型重点生态功能区实行差别化考察，从而厘定准入门槛。在动态管理上，从环境保护和经济发展两方面构建指标体系对功能区内企业进行动态管理，对在多个考核周期考核结果居后的企业实现动态调整。在退出机制上，通过明确的企业退出方案和标准、制定完备的企业退出处理预案、加强风险预警制度的主导作用、加强早期纠错和审慎监管协调配合等手段引导限制或禁止类产业的企业有序退出。此外，本书还简要分析了重点生态功能区产业准入负面清单管理模式所带来的正向溢出效应与反馈机制。最后，本书还分析了资源禀赋各异、路径选择不同、发展结果趋同的三个重点生态功能区运用产业准入负面清单管理成功实现绿色低碳发展转型的典型模式。

（3）基于 SBM-Malmquist 模型分析了 2007~2019 年 278 个县域国家重点生态功能区产业准入负面清单管理绩效的时空演变，并进一步采用 SSAR-Tobit 模型实证检验了其驱动因素。研究结果有以下四点：①从重点生态功能区产业准入负面清单管理的综合绩效来看，在时间维度上，表现为既震荡又上升，在震荡中明显上升改善的演化趋势，综合效率从 2007 年的 1.04 提升到 2019 年的 1.74，上升了约 67.30%；在空间维度上，除极少数县区的产业准入负面清单管理综合绩效略有下降外，绝大部分国家重点生态功能区的产业准入负面清单管理的综合绩效均有不同程度的改善。②从重点生态功能区产业准入负面清单管理效率分解的时间演化来看，技术进步与纯技术效率在 2007~2019 年均呈现出上升的态势，一方面，在样本期间技术进步的上升幅度和整体表现要好于纯技术效率；另一方面，技术进步在 2009~2010 年曾呈现短暂的下降，而后才进入到快速改善区间，而纯技术效率在样本期间则一直表现为稳步的上升态势，从整个样本期间来看，规模效率只略有改善。③从重点生态功能区产业准入负面清单管理效率分解的空间格局来看，样本期间各县域产业准入负面清单管理的纯技术效率略有改善，整体效率增长率仅为 0.5%；各县域产业准入负面清单管理的规模效率改进较小，整体增长率仅为 0.4%；各县域产业准入负面清单管理的技术进步提升较快，年均提升幅度达到了 25.6%。④从重点生态功能区产业准入负面清单管理效率的驱动因素来看，第二产业与总产值占比、第三产业与总产值占比、城镇居民人均可支配收入、农村居民人均可支配收入和森林面积占比均对重点生态功能区的产业准入负面清单管理效率有显著性影响，影响程度的依次是森林面积占比、第三产业与总产值占比、农村居民人均可支配收入、城镇居民人均可支配收入和第二产业与总产值占比。

（4）从政府职能和制度框架两个方面探讨了重点生态功能区产业准入负面清单管理的制度保障。本书从科学设置产业准入负面清单、法律法规体制及配套制度的完善、强化服务意识和服务水平三个维度，阐明了重点生态功能区产业准入负面清单管理模式的政府职能，并从工作机制、审批体制、监管机制、信息公开、社会信用激励惩戒机制以及财税机制等方面论述了政府对重点生态功能区产业准入负面清单管理的制度框架。

（5）梳理国外主要发达国家和地区实施负面清单管理模式的发展状况、制度变革、主要内容和调整逻辑，国内自贸区负面清单管理模式的经验和问题，对完善和实施重点生态功能区产业准入负面清单管理模式具有重要参考价值。鉴于此，本书选取了国际贸易领域、上海自由贸易试验区、市场准入等领域开展负面清单管理经验，从而概括出对重点生态功能区产业准入负面清单管理的四点启示：一是运用负面清单，提升空间治理能力，维护国土资源安全；二是保障生态环境，实现生态产品价值；三是构建负面清单的保护机制，重塑区域竞争格局；四是健全配套政策体系，促进政府治理能力现代化。

第二节　政策建议

一、产业准入负面清单管理是针对重点生态功能区的重要制度创新，应予以加强和完善

长期以来，尤其是党的十八大以来，国家逐步建立了主体功能区分类调控的政策制度体系，提高了政策的精准性和有效性。重点生态功能区在我国的国土空间格局中居于重要地位，既是我国面积最大、覆盖最广、最为典型的生态脆弱区，通常也是生态资源富集区、欠发达地区与"老少边穷"地区的"三区"叠加区域，具有"生态高地、经济洼地"的典型特征。2015 年 7 月，国家发展改革委印发《关于建立国家重点生态功能区产业准入负面清单制度的通知》标志着产业准入负面清单管理在国家重点生态功能区全面落地实行。从政策调整的逻辑来看，在生态集聚区和脆弱区为典型特征的重点生态功能区实行产业准入的负面清单管理是一项重要的制度创新，旨在形成经济发展与生态环境协调发展的新格局，促进"资源利用—环境保护—经济发展"的有机统一，进而促使国土空间的高效分类管控。

综合考量政策的实施情况及本书的研究结果，为进一步提示重点生态功能区实施产业准入负面清单的管理效能，还应该从以下两个方面继续加强和完善：

（一）健全和强化产业准入负面清单管理的配套组织机构

产业准入负面清单管理涉及发展改革、工信、农业农村、环保、自然资源、林业等多个部门的相互配合。目前在重点生态功能区没有专门的组织机构来负责这一重大政策的实施，大多数地区该项政策是由国家发改委牵头，其他涉及的机

构联合推行，在政策实施过程中协调成本较高，导致该项政策的实施效果离预期还存在一定差距。随着政策的逐步实施和展开，建议按照"功能集中"的原则，整合机构资源，设立专门的组织领导机构，并要求建立一套常态化、规范化的协调议事规程，提高协调议事政策效果。在该组织领导机构下设立办公室（挂靠发改委），全面负责产业准入负面清单管理的具体实施，如细化、调整政策制度，使之规范化，提出和推进相关配套政策实施，收集相关数据，建立和使用基础数据体系。对政策执行过程进行监管、反馈和评价以及涉及政策改革的其他一些问题等。

（二）构建及完善支撑产业准入负面清单管理相应的配套措施

产业准入负面清单管理还需要其他一些配套政策措施的辅助和配合才能达到预期政策目标。根据调研情况和研究结论，亟须建立配套政策的措施主要有以下三点：

（1）建立产业准入信息发布制度，特别是加快建立和完善全国统一的重点生态功能区产业准入信息发布体系，为企业精准选择投资地域提供保障。尝试建立全国统一的权威重点生态功能区产业准入负面清单信息发布平台，及时发布产业准入信息、限制准入产业信息、禁止准入产业信息、准入门槛信息、动态考评信息、产业退出信息、政策优惠信息等，不仅为企业的投资决策提供决策依据，也为国家对重点生态功能区进行分类管控提供科学依据。

（2）建立健全产业准入监测系统。重视大数据技术在产业准入负面清单管理中的应用，引进互联网技术、卫星监测信息技术、生产者信用信息等，降低政策的操作风险。充分利用环保部门建立企业污染物排放监测系统，运用工信部门、统计部门、税务部门建立对企业生产经营的动态监管数据库，为企业动态管理提供基础数据。利用现代信息技术（如互联网技术、卫星监测信息技术等）加强对企业日常生产监测，提高对企业的精准监测、精准考评与精准服务，提高政策的精准性。建立和完善生产者信用系统，降低政策操作风险。

（3）尽快完善企业应急预案。重点探索建立专项补贴资金和风险保障体系等。产业准入的负面清单管理是一项针对生态产业的动态管理机制，既有进入的企业，也有有序退出的企业。在"腾笼换鸟"的压力下，一些企业势必会因为种种原因（不符合生态产业发展方向、无力进行生态化改造、单位能耗过大、技术革新未能跟上等）而"有序退出"。而有些企业可能因为未到土地租用合同期限，势必需要政府的适度合理补偿。因此，有必要探索建立专项补贴资金和风险保障体系来为"有序退出"的企业提供必要保障。

二、进一步细化和完善"准入门槛—动态管理—有序退出"的产业准入负面清单管理的运行机制

（一）完善县域生态环境质量考核评估机制

特别是建立和完善重点生态功能区环境数据监管系统和地方政府管控环境的监测系统，为重点生态功能区产业准入的差异化门槛制定提供科学依据。在现有县域生态环境质量考核评估体系基础上，建立重点生态功能区环境承载能力核算系统，依据环境质量评价结果，结合各地主导产业差异、资源禀赋差异、未来发展路径差异，进一步探索建立分地区、分类型的重点生态功能区差异化的产业准入门槛，为政策的精准调控提供依据。

（二）细化和完善企业综合评价机制

特别是建立以环境保护数据系统、企业产出数据系统和企业信息公开系统为主体的企业综合评价系统，为企业动态管理提供科学依据。主要采取以下四项措施：一是从环境保护、经济发展、信息公开等方面制定企业动态考核体系；二是可以考虑从单位工业增加值污染物排放量、工业废弃物（含危险废弃物）处置利用率、污水集中处理设备使用率、单位工业增加值能耗率等方面细化环境保护指标；三是从亩均税收、亩均工业增加值、研究投入占主营业务收入占比、全员劳动生产率、绿色产品占比等方面细化经济发展指标；四是从企业生态环境信息公开率、生态工业信息平台完善程度等方面细化信息公开指标。

（三）细化和完善企业有序退出机制

依托企业综合评价系统的动态评价结果，对准入产业的辖内企业进行分层排序，重点关注综合排序在后5%的尾部企业。设置3~5年考核期，对于第一年处于尾部企业区间的企业，政府部门进行约谈，第二年处于尾部企业区间的企业，政府进行黄牌警告，第三年仍是尾部企业区间的企业，需要明确实施有序退出。对于退出企业，国家发展改革委、财政、环保、应急等部门应紧密配合，进一步规范在资金补偿、风险管控、应急预案等方面的后续支持力度，不能简单地"一退了之"。

三、充分利用重大战略机遇期，争取国家对重点生态功能区绿色低碳产业发展的政策支持

随着国家生态文明建设被逐步纳入"五位一体"的总体战略布局上，生态文明建设成为贯穿政治、经济、文化、社会全过程的发展理念。作为全国生态产品的主要提供区域，重点生态功能区要充分利用生态文明建设这一前所未有的重大战略发展机遇期，争取国家政策加大中央投资对促进生态建设、节能低碳减排、循环经济、污水垃圾处理、战略性新兴产业、重金属污染防治、水利工程、新能源、节能减排能力建设等项目的支持力度。现阶段，重点争取国家在以下四个方面产业升级的政策支持力度：

（一）争取国家将绿色低碳产业在重点生态功能区优先布局落地

支持有条件的重点生态功能区建立产业转移示范区，鼓励东部发达地区与重点生态功能区建立"飞地产业园"，在生态产业落地、传统产业升级、科研人员联培等方面强化帮扶与合作。全面促进产业升级改造，重点在高新技术产业方面寻求国家支持，鼓励航空航天、节能环保、新材料、新能源等战略性新兴产业布局的重大项目优先落户重点生态功能区。鼓励和支持重点生态功能区立足自身生态优势，变生态优势为产业优势，释放生态红利，增值生态资产，提供生态产品，通过挖掘自身优势实现生态产业化。以生态产业技术研发转化为牵引，支持重点生态功能区发展环境敏感性产业，支持做大做强生态旅游业、大健康产业、休闲疗养业等绿色低碳产业、零碳产业、负碳产业，全面提升重点生态功能区产业体系绿色化、生态化水平。

（二）争取国家在推动产业升级和淘汰落后产能方面加大对重点生态功能区的支持

研究制定相关优惠政策，加大中央投资力度，鼓励地处重点生态功能区的钢铁、石化、陶瓷等"高污染、高能耗、资源型"传统优势产业转型升级。加快综合整治存量过剩产能、淘汰和有序退出一批落后过剩产能。有序分类分步骤推进"关、停、并、转"工作，对于淘汰的落后产能提供"一揽子"政策包，在资金、税收、科技、土地等方面加大支持力度。

（三）争取国家在重大生态环境治理项目方面加大对重点生态功能区的倾斜

部分重点生态功能区内曾经是资源开采区，由此造成的土壤、森林、水等综合污染严重，呈现出典型的"中心—外围"扩散式的污染格局，对重点生态功能区的生态功能发挥造成潜在风险。争取中央对重点生态功能区的生态环境改造予以重点支持。主要应采取以下三项措施：一是要争取对矿山生态环境综合治理的专项资金支持，开展遗留矿山的环境治理；二是要争取国家将涉矿重大生态环境改造项目优先落户，打造国家生态环境改造示范园；三是争取中央加大对重点生态功能区内矿区的搬迁改造力度，在搬迁政策、人员安置、资金扶持、对口帮扶、技术升级等方面的给予倾斜，全面修复重点生态功能区的生态环境。

（四）充分利用国家乡村振兴战略，将国家对乡村振兴战略的支持与对重点生态功能区绿色产业发展的支持结合起来

由于自然历史、地理环境原因，大多数的重点生态功能区同时也是生态环境脆弱区和"老少边穷"集聚区，还面临保护生态与乡村振兴的双重任务。深入

实施乡村振兴发展战略，应和当地的生态文明建设协调起来，在广大乡村构建特色生态产业体系。鼓励各地因地制宜，挖掘本地特色生态优势资源，在生态优质农产品、生态养殖业、生态农业加工业，开展林下经济、生态康养、生态旅游、生态体育、游学教育等生态产业方面加大支持力度。探索将国家对重点生态功能区转移支付资金与乡村振兴战略资金统筹使用的机制，打造一批重点生态功能区和乡村振兴战略"双优"示范村、示范镇、示范县。

四、持续深化和加强对重点生态功能区开展生态补偿

国家对重点生态功能区"强化生态功能，弱化经济考核"的独特政策定位，以及要求所有国家重点生态功能区都要出台产业准入负面清单的制度要求，在一定程度上限制了重点生态功能区的经济发展机会。重点生态功能区向全国提供了洁净的空气、水等优质生态产品，国家理应持续深化和加强对重点生态功能区开展生态补偿。

（一）拓宽补偿领域，创新补偿方式

实现补偿领域全覆盖。健全重点生态功能区域的生态保护补偿政策；实行重点生态功能区湿地资源总量动态管理，将所有自然湿地纳入生态补偿范围；完善重点生态功能区生态公益林补偿标准动态调整机制；探索重点生态功能区建立耕地休养生息制度等农业生态环境补偿。

（二）多渠道筹措资金，完善投入机制

多渠道筹措补偿资金。探索从社会、市场等多渠道筹措资金，积极依托生态补偿工程项目开展 PPP 模式改革，促进生态补偿资金的良性循环。积极探索生态补偿资金投融资渠道，尝试开展建立生态补偿资金池制度，尝试开展生态补偿资金用于稳定回报预期的投资方式，激发和创新生态补偿资金的"自我造血"能力。

多领域完善投入机制。积极推进自然资源资产价格改革，开展矿产资源有偿使用制度改革试点，调整矿业权使用费的征收标准。完善各类资源有偿使用收入管理办法，逐步扩大资源税征收范围，加快开展环境税征收改革试点。允许相关收入用于开展相关领域生态保护补偿工作。

（三）完善"建章立制"，加强规范化管理

健全配套制度体系。进一步加快深化产权制度改革，明确界定各生态资源的权属。根据不同领域、不同主体功能区、不同服务对象的特点，完善补偿测算体系和测算方法，分别制定生态补偿的标准。逐步探索建立健全生态补偿统计信息发布和数据查询制度，抓紧研究建立生态补偿效益评估的绩效体制机制，积极探索培育专业性强的生态服务评估机构和第三方评估机构。将生态补偿工作成效纳

入各级地方政府的年度绩效考核，完善结果的运用制度。

五、通过开展广泛的宣教和培训降低政策成本

　　产业准入负面清单管理是一项新的政策，需要凝聚各方共识以实现政策目标。其中，通过进行广泛而深入的宣传、教育和培训，让政策各主体强化对政策的认知和认同，有助于降低政策实施成本。从调研情况来看，造成政策效果弱化的重要原因是政策执行者和政策作用对象的理解不透导致执行成本居高不下。建议从以下两个方面开展政策宣传、教育和培训：一是从宣传、教育和培训对象上，加强对政策执行主体（主要是各政府部门）的知识宣讲，将产业准入负面清单管理的政策背景、主要内容、具体操作、积极后果等知识讲透，真正做到令行禁止；同时也要深入做好企业的政策宣讲，尤其是涉及企业核心利益的内容要反复做好宣传解释工作，争取最大限度地获得企业认同和理解。二是从宣传、教育和培训方式上，针对政策执行主体（主要是各政府部门）的宣传可以综合采取专题知识讲座、定期政策培训、成功经验交流、现场观摩教学等多种方式开展宣传、教育和培训，力争让政策执行人都能全方位掌握和理解产业准入负面清单管理的相关知识；针对企业要重点做好宣教和培训，尤其是针对企业进行动态管理、退出机制的宣传和普及。

附　录

附录一　278 个国家重点生态功能区县级名单

序号	省份	市/县
1	福建省	永泰县
2	福建省	泰宁县
3	福建省	永春县
4	福建省	华安县
5	福建省	武夷山市
6	福建省	屏南县
7	福建省	寿宁县
8	福建省	周宁县
9	福建省	柘荣县
10	江西省	大余县
11	江西省	上犹县
12	江西省	崇义县
13	江西省	龙南县
14	江西省	全南县
15	江西省	定南县
16	江西省	安远县
17	江西省	寻乌县
18	江西省	井冈山市
19	江西省	修水县

续表

序号	省份	市/县
20	江西省	石城县
21	江西省	遂川县
22	江西省	万安县
23	江西省	安福县
24	江西省	永新县
25	江西省	靖安县
26	江西省	铜鼓县
27	江西省	黎川县
28	江西省	南丰县
29	江西省	宜黄县
30	江西省	资溪县
31	江西省	广昌县
32	江西省	婺源县
33	江西省	浮梁县
34	江西省	莲花县
35	江西省	芦溪县
36	贵州省	赤水市
37	贵州省	习水县
38	贵州省	江口县
39	贵州省	石阡县
40	贵州省	印江土家族苗族自治县
41	贵州省	沿河土家族自治县
42	贵州省	黄平县
43	贵州省	施秉县
44	贵州省	锦屏县
45	贵州省	剑河县
46	贵州省	台江县
47	贵州省	榕江县
48	贵州省	从江县
49	贵州省	雷山县
50	贵州省	荔波县
51	贵州省	三都水族自治县
52	贵州省	赫章县

续表

序号	省份	市/县
53	贵州省	威宁彝族回族苗族自治县
54	贵州省	平塘县
55	贵州省	罗甸县
56	贵州省	望谟县
57	贵州省	册亨县
58	贵州省	关岭布依族苗族自治县
59	贵州省	镇宁布依族苗族自治县
60	贵州省	紫云苗族布依族自治县
61	海南省	五指山市
62	海南省	保亭黎族苗族自治县
63	海南省	琼中黎族苗族自治县
64	海南省	白沙黎族自治县
65	河北省	围场满族蒙古族自治县
66	河北省	丰宁满族自治县
67	河北省	沽源县
68	河北省	张北县
69	河北省	尚义县
70	河北省	康保县
71	河北省	灵寿县
72	河北省	赞皇县
73	河北省	青龙满族自治县
74	河北省	邢台县
75	河北省	阜平县
76	河北省	涞源县
77	河北省	易县
78	河北省	曲阳县
79	河北省	顺平县
80	河北省	宣化区
81	河北省	蔚县
82	河北省	阳原县
83	河北省	怀安县
84	河北省	万全区
85	河北省	怀来县

续表

序号	省份	市/县
86	河北省	涿鹿县
87	河北省	赤城县
88	河北省	崇礼区
89	河北省	承德县
90	河北省	兴隆县
91	河北省	滦平县
92	河北省	宽城满族自治县
93	吉林省	集安市
94	吉林省	临江市
95	吉林省	抚松县
96	吉林省	长白朝鲜族自治县
97	吉林省	敦化市
98	吉林省	和龙市
99	吉林省	汪清县
100	吉林省	安图县
101	吉林省	靖宇县
102	吉林省	通榆县
103	浙江省	淳安县
104	浙江省	文成县
105	浙江省	泰顺县
106	浙江省	磐安县
107	浙江省	常山县
108	浙江省	开化县
109	浙江省	龙泉市
110	浙江省	遂昌县
111	浙江省	云和县
112	浙江省	庆元县
113	浙江省	景宁畲族自治县
114	湖南省	宜章县
115	湖南省	临武县
116	湖南省	宁远县
117	湖南省	蓝山县

序号	省份	市/县
118	湖南省	新田县
119	湖南省	双牌县
120	湖南省	桂东县
121	湖南省	汝城县
122	湖南省	嘉禾县
123	湖南省	炎陵县
124	湖南省	慈利县
125	湖南省	桑植县
126	湖南省	泸溪县
127	湖南省	凤凰县
128	湖南省	花垣县
129	湖南省	龙山县
130	湖南省	永顺县
131	湖南省	古丈县
132	湖南省	保靖县
133	湖南省	石门县
134	湖南省	永定区
135	湖南省	武陵源区
136	湖南省	辰溪县
137	湖南省	麻阳苗族自治县
138	湖南省	茶陵县
139	湖南省	南岳区
140	湖南省	绥宁县
141	湖南省	新宁县
142	湖南省	城步苗族自治县
143	湖南省	安化县
144	湖南省	资兴市
145	湖南省	东安县
146	湖南省	江永县
147	湖南省	江华瑶族自治县
148	湖南省	洪江市
149	湖南省	沅陵县

续表

序号	省份	市/县
150	湖南省	会同县
151	湖南省	新晃侗族自治县
152	湖南省	芷江侗族自治县
153	湖南省	靖州苗族侗族自治县
154	湖南省	通道侗族自治县
155	湖南省	新化县
156	湖南省	吉首市
157	广西壮族自治区	资源县
158	广西壮族自治区	龙胜各族自治县
159	广西壮族自治区	三江侗族自治县
160	广西壮族自治区	融水苗族自治县
161	广西壮族自治区	上林县
162	广西壮族自治区	马山县
163	广西壮族自治区	都安瑶族自治县
164	广西壮族自治区	大化瑶族自治县
165	广西壮族自治区	忻城县
166	广西壮族自治区	凌云县
167	广西壮族自治区	乐业县
168	广西壮族自治区	凤山县
169	广西壮族自治区	东兰县
170	广西壮族自治区	巴马瑶族自治县
171	广西壮族自治区	天峨县
172	广西壮族自治区	天等县
173	广西壮族自治区	阳朔县
174	广西壮族自治区	灌阳县
175	广西壮族自治区	恭城瑶族自治县
176	广西壮族自治区	蒙山县
177	广西壮族自治区	德保县
178	广西壮族自治区	那坡县
179	广西壮族自治区	西林县
180	广西壮族自治区	富川瑶族自治县
181	广西壮族自治区	罗城仫佬族自治县

序号	省份	市/县
182	广西壮族自治区	环江毛南族自治县
183	广西壮族自治区	金秀瑶族自治县
184	广西壮族自治区	上思县
185	广西壮族自治区	昭平县
186	四川省	阿坝县
187	四川省	若尔盖县
188	四川省	红原县
189	四川省	天全县
190	四川省	宝兴县
191	四川省	小金县
192	四川省	康定市
193	四川省	泸定县
194	四川省	丹巴县
195	四川省	雅江县
196	四川省	道孚县
197	四川省	稻城县
198	四川省	得荣县
199	四川省	盐源县
200	四川省	木里藏族自治县
201	四川省	汶川县
202	四川省	北川县
203	四川省	茂县
204	四川省	理县
205	四川省	平武县
206	四川省	九龙县
207	四川省	炉霍县
208	四川省	甘孜县
209	四川省	新龙县
210	四川省	德格县
211	四川省	白玉县
212	四川省	石渠县
213	四川省	色达县

续表

序号	省份	市/县
214	四川省	理塘县
215	四川省	巴塘县
216	四川省	乡城县
217	四川省	马尔康市
218	四川省	壤塘县
219	四川省	金川县
220	四川省	黑水县
221	四川省	松潘县
222	四川省	九寨沟县
223	四川省	旺苍县
224	四川省	青川县
225	四川省	通江县
226	四川省	南江县
227	四川省	万源市
228	四川省	沐川县
229	四川省	峨边彝族自治县
230	四川省	马边彝族自治县
231	四川省	石棉县
232	四川省	宁南县
233	四川省	普格县
234	四川省	布拖县
235	四川省	金阳县
236	四川省	昭觉县
237	四川省	喜德县
238	四川省	越西县
239	四川省	甘洛县
240	四川省	美姑县
241	四川省	雷波县
242	四川省	屏山县
243	甘肃省	合作市
244	甘肃省	临潭县
245	甘肃省	卓尼县
246	甘肃省	玛曲县

序号	省份	市/县
247	甘肃省	碌曲县
248	甘肃省	夏河县
249	甘肃省	临夏县
250	甘肃省	和政县
251	甘肃省	康乐县
252	甘肃省	积石山保安族东乡族撒拉族自治县
253	甘肃省	永登县
254	甘肃省	永昌县
255	甘肃省	天祝藏族自治县
256	甘肃省	肃南裕固族自治县（不包括北部区块）
257	甘肃省	民乐县
258	甘肃省	肃北蒙古族自治县（不包括北部区块）
259	甘肃省	阿克塞哈萨克族自治县
260	甘肃省	民勤县
261	甘肃省	山丹县
262	甘肃省	古浪县
263	甘肃省	庆城县
264	甘肃省	环县
265	甘肃省	华池县
266	甘肃省	镇原县
267	甘肃省	庄浪县
268	甘肃省	静宁县
269	甘肃省	张家川回族自治县
270	甘肃省	通渭县
271	甘肃省	会宁县
272	甘肃省	康县
273	甘肃省	两当县
274	甘肃省	迭部县
275	甘肃省	舟曲县
276	甘肃省	武都区
277	甘肃省	宕昌县
278	甘肃省	文县

附录二 限制类产业前十名具体管控要求

序号	行业	小类	重复次数	管控要求
1	K 房产行业	7010 房地产开发经营	189	（1）禁止在林地上新建房地产开发项目，房地产开发布局不得超出城镇总体规划确定的建设用地范围； （2）县城、小城镇镇区新建房地产开发项目须布局在经审批的城镇规划区范围内； （3）禁止在石漠化敏感区、退耕还林还草区、水源涵养功能较差地区、水土流失重点预防和治理区新建、改扩建房地产开发项目
2	D 电力、热力、燃气及水生产和供应业	4412 水力发电	170	（1）禁止新建无下泄生态流量的引水式水力发电项目，现有小水电站应通过改造升级，保障厂坝间河道生态需水并妥善处理拦污栅前的垃圾和漂浮物； （2）新建项目应加强施工期生态环境保护，做好植被恢复，达到环评批复要求； （3）新建项目仅限布局在不破坏生态的地区，项目竣工三个月内对环境进行治理恢复。现有项目对生态造成破坏的，立即治理恢复
3	A 农、林、牧、渔业	0241 木材采运	139	（1）禁止对干线公路两侧、主要河流两岸、城镇周边的林木进行抚育和更新性质以外的采伐； （2）严格控制皆伐，禁止在水土流失重点预防和治理区、公益林、天然林等生态保护红线范围内采运；在商品林区实施限额采伐，允许在公益林区进行非商品性采伐；对防护林只能进行抚育和更新性质采伐； （3）切实加强采伐区水土流失综合治理
4	B 采矿业	1019 粘土及其他土砂石开采	121	（1）现有企业在 2019 年 12 月 31 日前生产工艺、设备清洁生产水平要提升改造达到国内先进水平，否则关停并开展还林还草等生态恢复； （2）禁止在城镇建设规划区、基本农田范围、人口集聚区范围内新建和扩建采选。新建、扩建企业生产工艺、设备清洁生产水平要达到国内先进水平及以上
5	A 农、林、牧、渔业	0170 中药材种植	117	（1）严格控制农药和化肥施用量，禁止高毒农药施用，实施农药、化肥使用量零增长行动； （2）禁止毁林、毁草、烧山、天然草地垦植； （3）禁止在25度以上坡地开垦种植，对15度以上坡耕地按照国家退耕还林任务要求，禁止占用天然湿地、天然草场种植中药材

续表

序号	行业	小类	重复次数	管控要求
6	A农、林、牧、渔业	0412 内陆养殖	105	（1）禁止新建湖泊水库投饵网箱养殖项目，现有无证投饵网箱养殖项目在 2019 年 12 月 31 日前进行清理取缔； （2）区政府划定水产养殖禁养区、限养区、适养区，依法关停、拆除禁养区内养殖设施； （3）禁止在天然河流、湖泊水域、大中型水库投肥投饵养殖
7	A农、林、牧、渔业	0220 造林和更新	103	（1）禁止使用带有危险性病、虫的种子、苗木和其他繁殖材料育苗或造林；禁止试验、推广带有检疫性有害生物的种子、苗木和其他繁殖材料。更新造林技术必须符合有关技术标准与规定，禁止高毒农药施用； （2）造林选种必须通过生态影响评价，禁止种植不适合本地气候、生态环境的生态林、经济林； （3）生态林、经济林必须配套边坡防护等水土保持措施
8	A农、林、牧、渔业	0314 羊的饲养	90	（1）现有大型集中养殖场须立即配套粪便无害化处理设施和污水处理设施； （2）单体养殖项目规模须达常年存栏 100 头以上，养殖项目必须配套综合利用和无害化处理设施，对粪污进行集中收集循环化处理，粪污资源利用率不低于 80，现有项目应在 2020 年 12 月 31 日前完成升级改造，整改后仍不达标的立即关闭退出； （3）禁止在石漠化敏感区无序放养，控制石漠化区域畜牧业发展，确保林草畜牧均衡发展
9	C制造业	1351 牲畜屠宰	89	（1）新建项目须配套污水处理设施和病死牲畜无害化处理设施，现有无上述设施的企业立即整改达标或关闭退出； （2）禁止在居民生活区 1 千米范围内新建牲畜屠宰项目，禁止区的现有项目应在 2020 年 12 月 31 日前完成搬迁或关闭。禁止新建猪、牛、羊手工屠宰项目。屠宰工艺和清洁生产水平需达到国内先进水平； （3）新建屠宰项目必须符合城镇总体规划，取得相关部门行政许可，下脚料须实现全部综合利用，污水应处理达标排放。纳入污水管网进行统一处理的，应符合《污水排入城镇下水道水质标准》，否则不予接收
10	A农、林、牧、渔业	0313 猪的饲养	87	（1）依法关闭或搬迁禁养区内的畜禽养殖场和养殖专业户，禁养区内禁止新建畜禽养殖场； （2）限养区内不得新建、扩建各类畜禽养殖场。适养区实行舍饲圈养，以草定畜，并配套建设牲畜排泄等集中处理设施； （3）常年存栏生猪大于 50 头的养殖场建设牲畜排泄物集中处理设施，达到排放环保要求，未配套建设处理设施的于 2019 年 12 月 31 日前关停

附录三 "两高一资"产业管控要求

门类	大类	中类	小类	管控要求
C 制造业	31 黑色金属冶炼和压延加工业	312 炼钢	3120 炼钢	限制类: (1) 新建项目仅限布局在产业园区;现有未入园区内的企业应在规定时间前全部进入产业园区; (2) 新建项目工艺技术与装备水平、清洁生产水平不得低于国内先进水平,严格执行行业污染物排放限值规定;现有未达到要求的工业企业,应在规定时间前完成升级改造; (3) 限制利用不同来源的氧来氧化生铁所含杂质的金属提纯项目 禁止类: 禁止新建、扩建。现有企业规定时间前清理退出
C 制造业	31 黑色金属冶炼和压延加工业	314 钢压延加工	3140 钢压延加工	限制类: (1) 新建项目仅限布局在工业园区内,现有项目应在规定时间前迁入工业园区,并对原址进行生态恢复; (2) 禁止新建 1450 毫米以下热轧带钢(不含特殊钢)项目; (3) 新建项目工艺技术与装备水平、清洁生产水平不得低于国内先进水平,严格执行行业污染物排放限值规定;现有未达到要求的工业企业,应在规定时间前完成升级改造
B 采矿业	08 黑色金属矿采选	081 铁矿采选	0810 铁矿采选	限制类: (1) 禁止在城镇建设规划区、基本农田范围、人口集聚区范围内采洗选。现有企业在规定时间前生产工艺、设备清洁生产水平要提升改造达到国内先进水平,否则关停退出并开展生态恢复; (2) 禁止新建,现有采矿权到期不予延续。对现有采矿权有效期到期不再延续登记、限期退出的,由当地人民政府作出关闭决定,并与采矿权人签订关闭补偿协议,依法予以补偿,按照规定办理采矿许可证注销手续 禁止类: 禁止新建、改扩建;现有工业企业应在规定时间之前关停,并对原址进行生态恢复

续表

门类	大类	中类	小类	管控要求
C 制造业	30 非金属矿物制品业	302 石膏、水泥制品及类似制品制造	3021 水泥制品制造	限制类： （1）新建项目仅限于布局在完成生态化改造的工业区，现有未通过竣工环保验收的企业不得生产、立即进行改正，并在规定时间前进入工业区； （2）现有企业未配备废气、废水、固废等环保设施，企业污染物排放不满足国家污染物排放标准的，应在本清单颁布之日起三年内逐步完成升级改造、搬迁入园，不能完成应予以关闭退出； （3）新建项目清洁生产水平不得低于国内先进清洁生产水平，严格执行行业污染物排放限值规定，未达到要求的现有企业，应在规定时间之前完成升级改造
C 制造业	30 非金属矿物制品业	301 水泥、石灰和石膏制造	3011 水泥制造	限制类： （1）新建项目仅限于布局在县城工业园区； （2）新建项目熟料新型干法水泥生产线不得低于2000 吨/日、水泥粉磨站不得低于 60 万吨/年，现有未达到标准的应在规定时间前完成技术改造升级； （3）新建项目清洁生产水平不得低于国内先进清洁生产水平，严格执行行业污染物排放限值规定，未达到清洁生产标准的现有企业应在规定时间之前完成升级改造
C 制造业	22 造纸和纸制品业	223 纸制品制造	2231 纸和纸板容器制造	限制类： （1）新建项目仅限布局在县城工业园区。现有企业应在规定时间前进入县城工业园区； （2）新建项目不得采用含造纸制浆工艺，现有采用造纸制浆工艺的制造企业，应在负面清单发布即日起 3 年内完成升级改造或关停并转； （3）现有及新建项目的纸和纸板制容器制造取水量不得高于 2 立方米/吨； （4）新建项目清洁生产水平不得低于清洁生产国内先进水平，现有未达到清洁生产国内先进水平的制造企业，应在负面清单发布即日起 3 年内完成升级改造 禁止类： 禁止新建

门类	大类	中类	小类	管控要求
C 制造业	22 造纸和纸制品业	222 造纸	2221 机制纸及纸板制造	限制类： （1）禁止新建、扩建机制纸及纸板制造项目； （2）现有未入园区内的企业应在规定时间前全部进入开发区； （3）现有未达到清洁生产国内先进水平的工业企业，应在规定时间之前完成升级改造 禁止类： 禁止新建
D 电力、热力、燃气及水生产和供应业	44 电力、热力生产和供应业	441 电力生产	4411 火力发电	限制类： （1）禁止新建 30 万千瓦时以下的火力发电站； （2）区内原则上企业不超过 1 家，装机容量达到 5 万千瓦以上； （3）现有企业进行生产工艺和环保设施升级改造，提升清洁生产水平，未入园区企业进入园区管控。新建、改扩建企业其规模和工艺应优于产业结构调整指导目录，清洁生产达国内先进水平以上 禁止类： 禁止新建
C 制造业	33 金属制品业	336 金属表面处理及热处理加工	3360 金属表面处理及热处理加工	限制类： （1）禁止新建、改扩建电镀项目，现有产业规定时间前退出； （2）其他类型的金属表面处理及热处理加工项目：新建项目仅限于布局在华安经济开发区内。现有未入园区内的企业应在规定时间前全部进入开发区。新建项目清洁生产水平不得低于国内先进水平，严格执行行业污染物排放限值规定，现有未达到清洁生产国内先进水平的工业企业，应在规定时间之前完成升级改造
C 制造业	17 纺织业	171 棉纺织及印染精加工	1711 棉纺纱加工	限制类： （1）新建项目仅限布局在工业区，现有企业应在规定时间前进入工业区； （2）新建项目生产工艺、环保设施和清洁生产标准不得低于国内先进水平，严格执行行业污染物排放限值规定，未达到清洁生产标准的现有企业应在规定时间前完成升级改造

门类	大类	中类	小类	管控要求
C 制造业	17 纺织业	174 丝绢纺织及印染精加工	1741 缫丝加工	限制类： （1）禁止投资工业用水重复利用率低于 95% 的缫丝加工业；清洁生产工艺需达到国内先进水平，新建项目一律进入现有完成生态化改造的工业园区；民族传统工艺项目不在限制范围； （2）现有及新建项目的白厂丝（100 吨以上）制造取水量不得高于 600 立方米/吨，生丝制造取水量不得高于 240 立方米/吨，绢丝制造取水量不得高于 800 立方米/吨； （3）新建项目清洁生产水平不得低于清洁生产国内先进水平，现有未达到清洁生产国内先进水平的制造企业，应在负面清单发布即日起 3 年内完成升级改造
C 制造业	17 纺织业	171 棉纺织及印染精加工	1713 棉印染精加工	禁止类： 禁止新建、改扩建，现有工业企业应在规定时间之前关停
C 制造业	17 纺织业	175 化纤织造及印染精加工	1752 化纤织物染整精加工	禁止类： 禁止新建
C 制造业	17 纺织业	174 丝绢纺织及印染精加工	1743 丝印染精加工	禁止类： 禁止新建、扩建。现有企业规定时间前清理退出
C 制造业	19 皮革、毛皮、羽毛及其制品和制鞋业	191 皮革鞣制加工	1910 皮革鞣制加工	限制类： 必须进入完成生态化、循环化改造后的园区，单位产品能耗、水耗、清洁生产水平必须达到国家先进水平以上； 禁止类： 禁止新建、改扩建皮革鞣制加工项目，现有制造企业应在负面清单发布即日起 3 年内关停
C 制造业	19 皮革、毛皮、羽毛及其制品和制鞋业	193 毛皮鞣制及制品加工	1931 毛皮鞣制加工	限制类： 必须进入完成生态化、循环化改造后的产业园区，单位产品能耗、水耗、清洁生产水平必须达到国家先进水平以上； 禁止类： 禁止新建、改扩建，现有工业企业应在规定时间之前关停

续表

门类	大类	中类	小类	管控要求
C 制造业	32 有色金属冶炼和压延加工业	321 常用有色金属冶炼	3216 铝冶炼	禁止类： 禁止新建、改扩建铝冶炼项目，现有制造企业应在负面清单发布即日起 3 年内关停
C 制造业	32 有色金属冶炼和压延加工业	321 常见有色金属冶炼	3212 铅锌冶炼	限制类： (1) 限制新建铅冶炼项目（单系列 5 万吨/年规模及以上，不新增产能的技改和环保改造项目除外）； (2) 限制新建单系列 10 万吨/年规模以下锌冶炼项目（直接浸出除外） 禁止类： 禁止新建、改扩建有铅锌冶炼项目，现有工业企业应在负面清单发布即日起 3 年内关停
C 制造业	30 非金属矿物制品业	304 玻璃制造	3041 平板玻璃制造	禁止类： 禁止新建

参考文献

［1］ Asafu-Adjaye J. Environmental Economics for Non-economists ［M］. Singapore: World Scientific Publishing Co Pte Led. , 2000.

［2］ Barbier E B. Valuing Environmental Functions: Tropical Wetlands ［J］. Land Economics. 1994 (70): 155-173.

［3］ Bockstael N E, Freeman A M, Kopp R J, et al. On Measuring Economic Values for Nature ［J］. Environmental Science & Technology, 2000, 34 (8): 1384-1389.

［4］ Bremer L L, Farley K A, Lopez-Carr D, et al. Conservation and Livelihood Outcomes of Payment for Ecosystem Services in the Ecuadorian Andes: What is the Potential for "Win-win"? ［J］. Ecosystem Services, 2014 (8): 148-165.

［5］ Costanza, R. , d'Arge, R. , De Groot, R. , Farber, S. , Grasso, M. , Hannon, B. , & Raskin, R. G. The Value of the World's Ecosystem Services and Natural Capital ［J］. Nature, 1997, 387 (6630): 253-260.

［6］ Costanza R. The Science and Management of Sustainbility ［M］. New York: Columbia University Press, 1991.

［7］ Daily, G. (Ed.) . Nature's Services: Societal Dependence on Natural Ecosystems ［M］. Island Press, 1997.

［8］ Faber M, Manstten R, Proops J. Ecological Economics: Concepts and Methods ［M］. Cheltenham: Edward Elgar, 1996.

［9］ Hejnowicz A P, Raffaelli D G, Rudd M A, et al. Evaluating the Outcomes of Payments for Ecosystem Services Programmes Using a Capital Asset Frame Work ［J］. Ecosystem Services, 2014 (9): 83-97.

［10］ Hueting R, Reijnders L. Sustainability is an Objective Concept ［J］. Ecological Economics, 1998, 27 (2): 139-148.

［11］ Kelejian H H, Prucha I R. On the Asymptotic Distribution of the Moran I

Test Statistic with Applications [J]. Journal of Econometrics, 2001, 104 (2): 219-257.

[12] Lesage J P. Bayesian Estimation of Limited Dependent Variable Spatial Autoregressive Models [J]. Geographical Analysis, 2000, 32 (1): 19-35.

[13] Martinez-Alier J. Mruada G O' neill J. The Economics of Nature and the Nature of Economics [M]. Cheltenham: Edward Elgar, 2001.

[14] Norgaard-Pedersen N, Spielhagen R F, Thiede J, et al. Central Arctic Surface Ocean Environment During the Past 80, 000 Years [J]. Paleoceano Graphy, 1998, 13 (2): 193-204.

[15] Patrick Low. Research on the Market Liberalization [J]. Congressional Research Service, 2013 (11): 12.

[16] Patrik Söderholm. The Political Economy of a Global Ban on Mercury-added Products: Positive Versus Negative List Approaches [J]. Journal of Cleaner Production, 2013 (53): 287-296.

[17] Pearce D W. Moran D. The Economic Value of Biodiversity [M]. Cambridge, 1994.

[18] Pearce D. Cost Benefit Analysis and Environmental Policy [J]. Oxford Review of Economic Policy, 1998, 14 (4): 84-100.

[19] Peinhardt, C. and Allee T. Failure to Deliver: The Investment Effects of US Preferential Economic Agreements [J]. World Economy, 2012, 35 (6): 757-783.

[20] Qu X, Lee L F. LM Tests for Spatial Correlation in Spatial Models with Limited Dependent Variables [J]. Regional Science and Urban Economics, 2012, 42 (3): 430-445.

[21] Stephen Magiera. Indonesia's Investment Negative List: An Evaluation for Selected Services Sectors [J]. Bulletin of Indonesian Economic Studies, 2011, 47 (2): 195-219.

[22] Thurbon, E. , Weiss, L. Investing in Openness: The Evolution of FDI Strategy in South Korea and Taiwan [J]. New Political Economy, 2006, 11 (1): 1-22.

[23] Wilson C L, Matthews W. Man's Impact on the Global Environment [J]. Assessment and Recommendations for Action, Cambridge, Mass. 1970 (22) .

[24] 车国庆. 中国地区生态效率研究——测算方法、时空演变及影响因素 [D]. 吉林大学博士学位论文, 2018.

[25] 陈安, 杨晓东, 余向勇, 熊善高. 宜昌市生态环境分区管控制度研究

［J］．环境保护科学，2019，45（2）：16-19.

［26］陈晶．加欧综合经济贸易协议（CETA）及对加拿大影响分析［J］．中国外资，2019（23）：46-49.

［27］陈伟．上海自由贸易试验区推行"负面清单"的制度创新与面临的问题［J］．对外经贸实务，2014（6）：21-24.

［28］陈瑜琦，张智杰，郭旭东，吕春艳，汪晓帆．中国重点生态功能区生态用地时空格局变化研究［J］．中国土地科学，2018，32（2）：19-26.

［29］董姝玥，何芳．负面清单模式下自贸区事中事后监管制度的研究［J］．人民法治，2019（22）：105-109.

［30］发展改革委印发．重点生态功能区产业准入负面清单编制实施办法［Z］．http：//www.gov.cn/xinwen/2016/10/21/content_5122688.htm.2016-10-21.

［31］樊杰，王亚飞．40年来中国经济地理格局变化及新时代区域协调发展［J］．经济地理，2019，39（1）：1-7.

［32］樊莹．CPTPP的特点、影响及中国的应对之策［J］．当代世界，2018（9）：8-12.

［33］樊正兰，张宝明．负面清单的国际比较及实证研究［J］．上海经济研究，2014（12）：31-40.

［34］方修琦，张兰生．论人地关系的异化与人地系统研究［J］．人文地理，1996（4）：8-13.

［35］甘元芳，张璇．长江经济带国家重点生态功能区生态状况分析与评价［J］．测绘，2019，42（1）：36-41.

［36］高国力．加强区域重大战略、区域协调发展战略、主体功能区战略协同实施［J］．人民论坛·学术前沿，2021（14）：116-121.

［37］高凛．自贸试验区负面清单模式下事中事后监管［J］．国际商务研究，2017，38（1）：30-40.

［38］高维和，孙元欣，王佳圆．美国FTA、BIT中的外资准入负面清单：细则与启示［J］．外国经济与管理，2015，37（3）：87-96.

［39］龚柏华．"法无禁止即可为"的法理与上海自由贸易试验区"负面清单"模式［J］．东方法学，2013（6）：137-141.

［40］龚晓峰．法无禁止即可为——"负面清单"模式介绍［J］．中国党政干部论坛，2014（9）：15-19.

［41］顾程亮，李宗尧，成祥东．财政节能环保投入对区域生态效率影响的实证检验［J］．统计与决策，2016（19）：109-113.

［42］广东省发展和改革委员会．广东省企业投资项目实行清单管理

[EB/OL]. http：//drc. gd. gov. cn/zcjd5635/content/post_844527. html，2015-07-20.

[43] 郭冠男，李晓琳. 市场准入负面清单管理制度与路径选择：一个总体框架 [J]. 改革，2015 (7)：28-38.

[44] 郭海. 佛山市南海区推进"负面清单""准许清单""监管清单"管理制度的实践及启示 [J]. 领导科学，2015 (24)：7-8.

[45] 郭露，徐诗倩. 基于超效率 DEA 的工业生态效率——以中部六省2003-2013 年数据为例 [J]. 经济地理，2016，36 (6)：116-121+58.

[46] 国务院办公厅关于深化商事制度改革进一步为企业松绑减负激发企业活力的通知 [Z]. http：//www. gov. cn/zhengce/content/2020 - 09/10/content _ 5542282. htm. 2020-09-01.

[47] 韩冰. 准入前国民待遇与负面清单模式：中美 BIT 对中国外资管理体制的影响 [J]. 国际经济评论，2014 (6)：101-110+7.

[48] 韩永辉，黄亮雄，王贤彬. 产业结构优化升级改进生态效率了吗? [J]. 数量经济技术经济研究，2016，33 (4)：40-59.

[49] 郝红梅. 负面清单管理模式的国际经验比较与发展趋势 [J]. 对外经贸实务，2016 (2)：4-8.

[50] 郝洁. 负面清单的内涵、主要特点及我国的借鉴 [J]. 中国经贸导刊，2015 (16)：30-33.

[51] 赫郑飞. 完善负面清单管理模式的思考和建议 [J]. 中国行政管理，2014 (8)：127.

[52] 贺平. 日本自由贸易战略的新动向及其影响 [J]. 国际问题研究，2018 (6)：32-44+118.

[53] 侯鹏，翟俊，曹巍，杨旻，蔡明勇，李静. 国家重点生态功能区生态状况变化与保护成效评估——以海南岛中部山区国家重点生态功能区为例 [J]. 地理学报，2018，73 (3)：429-441.

[54] 侯鹏，高吉喜，陈妍，翟俊，肖如林，张文国，孙晨曦，王永财，侯静. 中国生态保护政策发展历程及其演进特征 [J]. 生态学报，2021，41 (4)：1656-1667.

[55] 黄斌斌，郑华，肖燚，孔令桥，欧阳志云，王效科. 重点生态功能区生态资产保护成效及驱动力研究 [J]. 中国环境管理，2019，11 (3)：14-23.

[56] 黄涛涛. 负面清单管理模式及其法治意义 [J]. 法治论坛，2014 (2)：212-220.

[57] 黄耀欢，赵传朋，杨海军，丁方宇，李中华. 国家重点生态功能区人类活动空间变化及其聚集分析 [J]. 资源科学，2016，38 (8)：1423-1433.

［58］姜智强，刘伊霖，曾智，等．财政环保支出对农业生态效率的影响研究——来自长江经济带发展战略的经验证据［J］．经济问题，2022（6）：113-122.

［59］加强考核监管，助力国家生态安全屏障构建［N］．中国环境报，2017-05-01（03）．

［60］靳东升，龚辉文．排污费改税的历史必然性及其方案选择［J］．地方财政研究，2010（9）：13-18.

［61］李贵平．市场经济体制下的负面清单管理模式研究［J］．云南行政学院学报，2018，20（3）：47-53.

［62］李建伟．让中国市场更加开放更加平等的重大改革——评2018年版全面实施市场准入负面清单制度［EB/OL］．https：//www.ndrc.gov.cn/xwdt/ztzl/sczrfmqd/zcjddd2/201901/t20190107_1022310.html？code=&state=123，2019-01-07.

［63］李剑锋．低碳经济下的林业发展——评《生态经济学：原理和应用》［J］．生态经济，2019，35（7）：230-231.

［64］李凯杰，葛顺奇．外商投资"负面清单"管理模式的国际比较及启示［J］．国际经济合作，2018（3）：4-8.

［65］李宁．长江中游城市群流域生态补偿机制研究［D］．武汉大学博士学位论文，2018.

［66］李平．吉林省限制开发区域绿色发展效率评价与模式研究［D］．中国科学院大学博士学位论文（中国科学院东北地理与农业生态研究所），2020.

［67］李胜兰，初善冰，申晨．地方政府竞争、环境规制与区域生态效率［J］．世界经济，2014，37（4）：88-110.

［68］李思奇，牛倩．投资负面清单制度的国际比较及其启示［J］．亚太经济，2019（4）：95-104.

［69］李维安．负面清单制度建设：规则、合规与问责［J］．南开管理评论，2015，18（6）：1.

［70］李正宜．负面清单在我国的法律地位和适用［D］．华东政法大学硕士学位论文，2015.

［71］廖华．民族自治地方重点生态功能区负面清单制度检视［J］．民族研究，2020（2）：56-68+142-143.

［72］林钰．区域自由贸易协定中"负面清单"的国际比较研究［M］．北京：北京大学出版社，2016.

［73］刘华，杜金梅．循环经济的外部经济效应［J］．经济论坛，2004

(23)：9.

[74] 刘金龙，龙贺兴，时卫平．国家重点生态功能区农业政策探析 [J]．中国国情国力，2018（11）：14-16.

[75] 刘金龙，龙贺兴，杨三思，徐拓远．国家重点生态功能区农业生态化发展的机遇与挑战 [J]．环境保护，2018，46（7）：25-29.

[76] 刘璐璐，曹巍，吴丹，黄麟．国家重点生态功能区生态系统服务时空格局及其变化特征 [J]．地理科学，2018，38（9）：1508-1515.

[77] 刘思华，可持续经济文集北京 [M]．北京：中国财政经济出版社，2007.

[78] 刘耀．市场准入负面清单制度下监管机制的优化研究 [D]．电子科技大学硕士学位论文，2019.

[79] 刘幼迟．重点生态功能区产业发展困境及政策思路 [J]．全球化，2017，77（12）：80-91+135-136.

[80] 卢进勇，田云华．负面清单管理模式的理论依据 [N]．国际商报，2014-05-12（A07）.

[81] 卢燕群，袁鹏．中国省域工业生态效率及影响因素的空间计量分析 [J]．资源科学，2017，39（7）：1326-1337.

[82] 鲁照旺．从外部性看主流经济学的谬误 [J]．学术界，2019（8）：66-74.

[83] 陆娅楠．《外商投资准入特别管理措施（负面清单）（2020年版）》公布，外商投资准入负面清单再压减17.5% [N]．人民日报，2020-06-26（2）.

[84] 罗成书，周世锋．以"两山"理论指导国家重点生态功能区转型发展 [J]．宏观经济管理，2017（7）：62-65.

[85] 罗毅，陈斌．深入推进国家重点生态功能区县域生态环境质量监测评价与考核工作 [J]．环境保护，2014，42（12）：10-13.

[86] 罗媛媛，杜雯翠，椋埏淪．农产品主产区产业准入负面清单制度的思考与建议 [J]．环境保护，2018，46（5）：56-58.

[87] 马久云．国外负面清单管理模式的经验借鉴及启示 [J]．对外经贸实务，2017（7）：17-20.

[88] 马峣．评析"法无禁止即可为，法无授权不可为" [J]．法制与社会，2019（11）：6+8.

[89] 内蒙古大兴安岭19个林业局全部纳入国家重点生态功能区 [Z]．http：//www.gov.cn/xinwen/2016 - 10/20/content _ 5122235.htm.2016 - 10-20.

［90］聂平香．中国实施负面清单管理面临的风险及对策［J］．国际经济合作，2015（1）：66-71.

［91］聂平香，戴丽华．美国负面清单管理模式探析及对我国的借鉴［J］．国际贸易，2014（4）：33-36.

［92］牛桂敏．保增长更应调结构、促减排［J］．城市，2009（5）：53-56.

［93］牛文元．可持续发展理论的基本认知［J］．地理科学进展，2008（3）：1-6.

［94］欧伟强．上海自由贸易试验区建设中创新政府治理的探索与实践［J］．新东方，2019（3）：72-77.

［95］庞明川，朱华，刘婧．基于准入前国民待遇加负面清单管理的中国外资准入制度改革研究［J］．宏观经济研究，2014（12）：12-18+41.

［96］钱晓萍．美国FTA文化产业负面清单研究：基于中国对应清单的视角［J］．国际商务研究，2019，40（2）：78-85.

［97］钱震，蒋火华，刘海江．关于国家重点生态功能区县域生态环境质量考核中现场核查的思考［J］．环境与可持续发展，2012，37（5）：34-36.

［98］秦书生，王曦晨．坚持和完善生态文明制度体系：逻辑起点、核心内容及重要意义［J］．西南大学学报（社会科学版），2021，47（6）：1-10+257.

［99］邱倩，江河．论重点生态功能区产业准入负面清单制度的建立［J］．环境保护，2016，44（14）：41-44.

［100］邱倩，江河．重点生态功能区产业准入负面清单工作中的问题分析与完善建议［J］．环境保护，2017，45（10）：46-48.

［101］全先银．金融监管负面清单：涵义、内容与建立路径［J］．金融评论，2014，6（4）：48-58+124.

［102］任世丹，重点生态功能区生态补偿立法研究［M］．北京：法律出版社，2020.

［103］单英杰．加快社会信用体系建设 提升社会信用水平的对策建议［J］．经济研究导刊，2015（4）：100-101.

［104］申海平．市场准入负面清单的印度尼西亚经验及其启示［J］．东方法学，2018（4）：141-149.

［105］盛科荣，樊杰．地域功能的生成机理：基于人地关系地域系统理论的解析［J］．经济地理，2018，38（5）：11-19.

［106］盛科荣，樊杰，杨昊昌．现代地域功能理论及应用研究进展与展望［J］．经济地理，2016，36（12）：1-7.

［107］时卫平，龙贺兴，刘金龙．产业准入负面清单下国家重点生态功能区

问题区域识别 [J]. 经济地理, 2019, 39 (8): 12-20.

[108] 舒昱, 陈玉祥. 日本双多边自贸协定外资准入负面清单比较研究 [J]. 全国流通经济, 2021 (5): 101-104.

[109] 孙婵, 肖湘. 负面清单制度的国际经验及其对上海自由贸易试验区的启示 [J]. 重庆社会科学, 2014 (5): 33-43.

[110] 孙瑜. 墨西哥负面清单的产业选择及其借鉴 [J]. 对外经贸实务, 2015 (2): 25-28.

[111] 孙元欣. 外资负面清单管理的国际镜鉴: 上海自由贸易试验区例证 [J]. 改革, 2014 (10): 37-45.

[112] 孙元欣, 牛志勇. 上海自贸试验区负面清单转化为全国负面清单的路径和措施 [J]. 科学发展, 2014 (6): 51-54.

[113] 唐晶晶. 负面清单管理模式: 行政审批制度改革的新方向 [J]. 理论与改革, 2016 (6): 114-118.

[114] 唐治. 海南推行负面清单管理制度的探讨与设计 [D]. 海南大学硕士学位论文, 2015.

[115] 陶立峰. 对标国际最高标准的自贸区负面清单实现路径——兼评2018 年版自贸区负面清单的改进 [J]. 法学论坛, 2018, 33 (5): 145-152.

[116] 万伦来, 刘翠, 郑睿. 地方政府财政竞争的生态效率空间溢出效应 [J]. 经济与管理评论, 2020, 36 (1): 148-160.

[117] 汪克亮, 孟祥瑞, 程云鹤. 环境压力视角下区域生态效率测度及收敛性——以长江经济带为例 [J]. 系统工程, 2016, 34 (4): 109-116.

[118] 王翠文. 从 NAFTA 到 USMCA: 霸权主导北美区域合作进程的政治经济学分析 [J]. 东北亚论坛, 2020, 29 (2): 19-31+127.

[119] 王俊峰, 于传治. 美版 BIT 对完善中国自贸区负面清单的启示——以准入前国民待遇为视阈 [J]. 宏观经济研究, 2018 (10): 134-140.

[120] 王萌. 我国排污费制度的局限性及其改革 [J]. 税务研究, 2009 (7): 28-31.

[121] 王思博, 李冬冬, 李婷伟. 新中国 70 年生态环境保护实践进展: 由污染治理向生态补偿的演变 [J]. 当代经济管理, 2021, 43 (6): 36-42.

[122] 王长红. 上海自由贸易试验区"负面清单"管理模式研究 [J]. 上海政法学院学报 (法治论丛), 2015 (4): 49-62.

[123] 王中美. "负面清单"转型经验的国际比较及对中国的借鉴意义 [J]. 国际经贸探索, 2014 (9): 72-84.

[124] 王中美. 外商投资"负面清单"发展的国际比较及对我国的启示

[J]．海外投资与出口信贷，2015（3）：12-16.

[125] 吴超．从"绿化祖国"到"美丽中国"——新中国生态文明建设 70 年 [J]．中国井冈山干部学院学报，2019，12（6）：87-96.

[126] 吴传钧．论地理学的研究核心——人地关系地域系统 [J]．经济地理，1991（3）：1-6.

[127] 吴传清，黄磊．承接产业转移对长江经济带中上游地区生态效率的影响研究 [J]．武汉大学学报（哲学社会科学版），2017，70（5）：78-85.

[128] 吴太轩，谭娜娜．制度嵌入与文化嵌入：信用激励机制构建的新思路 [J]．征信，2021，39（3）：9-17.

[129] 吴义根，冯开文，曾珍，项桂娥．外商直接投资、区域生态效率的动态演进和空间溢出——以安徽省为例 [J]．华东经济管理，2017，31（6）：16-24.

[130] 肖红叶，房娜娜，戴慧敏，韩晓萌．基于外部性理论的湿地退化成因分析及对策研究 [J]．地质与资源，2021，30（5）：617-622.

[131] 肖金成，刘通．把牢生态环境保护的第一道关口——《重点生态功能区产业准入负面清单编制实施办法》解读 [J]．环境保护，2017，45（4）：10-11.

[132] 熊玮，郑鹏．江西国家重点生态功能区实行产业准入的负面清单研究 [J]．老区建设，2018（16）：40-43.

[133] 熊玮，郑鹏，赵园妹．江西重点生态功能区生态补偿的绩效评价与改进策略——基于 SBM-DEA 模型的分析 [J]．企业经济，2018（12）：34-40.

[134] 徐大伟，李斌．基于倾向值匹配法的区域生态补偿绩效评估研究 [J]．中国人口·资源与环境，2015，25（3）：34-42.

[135] 许光建，魏嘉希．我国重点生态功能区产业准入负面清单制度配套财政政策研究 [J]．中国行政管理，2019（1）：10-16.

[136] 严成樑．产业结构变迁、经济增长与区域发展差距 [J]．经济社会体制比较，2016（4）：40-53.

[137] 杨建锋，王尧，张翠光．主体功能区地质环境事件分布研究 [J]．中国矿业，2016，25（S1）：244-248.

[138] 杨珂．分歧还是融合：制度主义与生态经济学发展观辨析 [J]．贵州社会科学，2018（9）：137-144.

[139] 杨荣珍，贾瑞哲．欧加 CETA 投资协定负面清单制度及对中国的启示 [J]．国际经贸探索，2018，34（12）：107-118.

[140] 杨伟民，袁喜禄，张耕田，董煜，孙玥．实施主体功能区战略，构建

高效、协调、可持续的美好家园——主体功能区战略研究总报告 [J]. 管理世界，2012（10）：1-17+30.

[141] 杨洋，朱文仓. 人才"虹吸效应"及其对策 [J]. 中国人才，2006（23）：45.

[142] 杨亦民，王梓龙. 湖南工业生态效率评价及影响因素实证分析——基于 DEA 方法 [J]. 经济地理，2017，37（10）：151-156+196.

[143] 叶科峰，郭伟立，王立娜，艾凯玲. 基于地理国情普查的产业准入空间体系研究 [J]. 地理空间信息，2020，18（6）：30-31+39+6.

[144] 于明霞，高艺格. 金融生态环境评价研究——以吉林省为例 [J]. 工业技术经济，2017，36（9）：153-160.

[145] 俞洁，宾建成. 上海自由贸易试验区负面清单管理制度建设的现状、问题与对策 [J]. 产业与科技论坛，2017，16（6）：216-218.

[146] 曾文革，白玉. 论负面清单时代中国投资管理体制转型的法治对策 [J]. 重庆大学学报（社会科学版），2015（5）：134-140.

[147] 曾贤刚，虞慧怡，谢芳. 生态产品的概念、分类及其市场化供给机制 [J]. 中国人口·资源与环境，2014，24（7）：12-17.

[148] 湛继红. 社会信用体系惩戒机制设计 [J]. 金融与经济，2008（2）：30-33.

[149] 张彩云，林志刚. 上海自由贸易试验区负面清单管理实践现状、问题及对策 [J]. 湖北经济学院学报（人文社会科学版），2017，14（10）：23-25+29.

[150] 张虎平，关山，王海东. 中国区域生态效率的差异及影响因素 [J]. 经济经纬，2017，34（6）：1-6.

[151] 张焕波. 负面清单模式下事中事后监管制度研究 [J]. 中国市场，2016（13）：35-40.

[152] 张焕波，史晨，杜靖文，刘隽. 负面清单管理模式下我国外商投资监管体系研究 [J]. 全球化，2017（4）：63-78+134.

[153] 张磊. 上海自由贸易试验区"负面清单"管理模式：国际经验与借鉴 [J]. 复旦国际关系评论，2014（2）：250-263.

[154] 张生. 从《北美自由贸易协定》到《美国、墨西哥、加拿大协定》：国际投资法制的新发展与中国的因应 [J]. 中南大学学报（社会科学版），2019，25（4）：51-61.

[155] 张涛，成金华. 湖北省重点生态功能区生态补偿绩效评价 [J]. 中国国土资源经济，2017，30（5）：37-41.

［156］张相文，向鹏飞．负面清单：中国对外开放的新挑战［J］．国际贸易，2013（11）：19-22.

［157］张小明，张建华．上海自由贸易试验区"负面清单"投资管理模式的国际经验借鉴［J］．商业经济研究，2015（2）：35-36.

［158］张雪梅，罗文利．产业集聚对区域生态效率的影响研究——基于西部的省际数据［J］．南京航空航天大学学报（社会科学版），2016，18（3）：23-26.

［159］张玉，程文燕，孙美伦，杨雷．江西省重点生态功能区生态扶贫政策效果评价研究［J］．经济研究导刊，2019（32）：96-98.

［160］张子龙，王开泳，陈兴鹏．中国生态效率演变与环境规制的关系——基于SBM模型和省际面板数据估计［J］．经济经纬，2015，32（3）：126-131.

［161］中国（上海）自由贸易试验区管理委员会．保税区域［EB/OL］．http：//www.china-shftz.gov.cn/NewsDetail.aspx？NID＝c6961675-bb91-4ced-bdae-107bff21b986&CID＝7c03c577-3e11-482d-85b1-61b999c11127&MenuType＝2&navType＝1，2019-10-10.

［162］钟成林，胡雪萍．自然资源禀赋对区域生态效率的影响研究［J］．大连理工大学学报（社会科学版），2016，37（3）：19-26.

［163］周天蕙，高凌云．进一步完善负面清单制度方略［J］．开放导报，2020（2）：75-78.

后　记

　　重点生态功能区是主体功能区中面积最大、覆盖最广、最为典型的生态脆弱区和生态富集区，具有"生态高地、经济洼地、贫困聚集地"的典型特征。作为长期专注生态文明建设的研究团队，有关重点生态功能区的研究一直是我们团队的研究重点领域。自2016年获批国家社科基金项目研究重点生态功能区的产业准入问题开始，8年来围绕重点生态功能区的生态补偿、负面清单、绩效评价等问题开展了深入而系统的研究，共立项省部级及以上纵向项目10余项，发表论文20余篇，出版专著2部，先后获得省部级领导肯定性批示10余次。

　　本团队依托江西省生态产品价值实现智库联盟，深入基层开展实地调研，收集一手资料，掌握一线情况，发挥智力集成优势，开展有组织的科研，形成了一系列智库研究成果，服务了各级党委和政府的重大决策。本系列丛书重点关注了生态产品价值实现、矿山开采与粮食安全、重点生态功能区产业准入的负面清单等问题，这些问题都是近年来生态文明建设领域的重要问题和热点问题，也是本团队围绕生态文明建设智库成果的总结。

　　本书是"奋力打造国家生态文明建设高地"系列丛书的第二本，重点关注重点生态功能区实行产业准入的负面清单管理模式研究，也是本团队所主持的江西省高校人文社科重点研究基地招标项目"重点生态功能区产业准入负面清单管理的绩效评价及制度保障研究"、"碳达峰、碳中和背景下环保税对资源产业的效应评估与缓释策略"（JD21085）、抚州市社科规划项目"新时代抚州生态产品价值实现的路径研究"（21SK07）、东华理工大学科研发展基金（人文类）"环境规制与负面清单管理"（KYFZ022）的最终研究成果。为了高质量完成本书，本团队进行了大量调研并收集了全国所有国家重点生态功能区的制度文件、省域做法、主要成效、面临困难及未来设想等方面的资料。为了问计基层，本团队还奔赴江西省、浙江省、福建省、贵州省等10余省份开展了实地调研，掌握了大量的一手资料。本书的部分成果《以负面清单管理助推我省生态产业再升级的思考与建议》《生态产品价值实现的"抚州样本"及启示》先后2次获得省部级领导同志肯定性批示。

　　本书是依托东华理工大学地质资源经济与管理研究中心、东华理工大学资源与环境经济研究中心、江西省软科学研究培育基地等研究平台的系列成果。特别感谢徐鸿教授在研究方案设计、研究思路指导、研究框架细化、研究成果把关等方面作出的细心、细致的指导和帮助！感谢经济管理出版社任爱清编辑为本书出版所做的辛勤工作！感谢研究生郭美娟、钟丽萍、黄子聪等在资料收集、数据整理、部分章节撰写方面做出的诸多贡献！

　　最后，谨以此书献给我们最爱的家人！感谢夫妻双方的老人为我们的工作保驾护航所付出的巨大心血，感谢一双儿女糖糖和果果，在我们每每困顿低谷之时，给予我们力量，愿我们的生活一切都静谧而美好。

熊玮、郑鹏
2023 年 12 月于南昌梅岭